배어난
———
혼
삶

정채림 지음

# 빼어난 혼삶

혼자살기를 위한 구체적 도움의 모든 것

bs

나
혼
자
산
다

혼자 먹는 밥, 혼자 먹는 술, 혼자 보는 영화, 혼자 떠나는 여행 그리고 혼자 사는 삶까지. 더 이상 혼자 무언가를 한다는 게 어색하지 않은 시대가 왔다.

혼자 앉아 있으면 시간은 조용하고 부드럽게 흐른다. 좋아하는 음악을 스피커로 틀어놓고 가볍게 흥얼거린다. 종일 타인의 눈을 바라보는 일상에 시달리고 나면, 나 자신과 눈을 맞추는 시간이 얼마나 사랑스러운지 모른다. 나는 눕고 싶을 때 눕고, 자고 싶을 때 자고, 먹고 싶을 때 먹는다. 마음은 성급하게 보채지도 초조하게 기다리지도 않는다. 창밖으로 바람이 불 때마다 나뭇잎 사이로 햇살이 흩어지면 꼭 바람이 반짝이는 것 같다.

그러나 한편으로 현실의 일상은 이렇게 마냥 평화롭지만은 않다. 혼자 산다는 건 박제된 잡지사진이 아니라 흐르는 생활이라서. 매일 매일이 청소, 빨래, 밥, 설거지의 연속이다. 생전 처음 해보는 집안일, 처음 겪는 난감한 상황들에 서러움을 달랠 길 없기도 하다. 부풀었던 기대감은 곧장 저 밑바닥으로 푹 꺼지고, 그 자리엔 우울함이 스멀스멀 차오르기도 한다. 그래서일까, 혼자 산다는 건 누군가에게는 부러움의 대상이지만 누군가에게는 안타까움의 대상이다. '좋겠다, 나도 독립하고 싶다'고 말하는 사람이 있는가 하면 '고생한다'고 토닥이는 이도 있다. 집은 사는(buy) 것이 아니라 사는(live) 것이라고 한다. 내가 포스트에 내 생활을 연재하게 된 건 혼삶에 대한 여러 가지 시선을 합쳐보고 싶다는 생각 때문이었다. 서툴고 외롭지만 여유롭고 사랑스럽다, 손이 많이 가지만 살아있는 집이 된다, 집안일은 귀찮은 게 아니라 집을 가꾸고 사랑하는 일일지도 모른다, 라는 생각.

밀린 출근길 차선처럼 답답한 하루, 낯선 회색빛 도시 속에서, 작은 방을 오롯이 내가 쉴 수 있는 공간으로 만들어 보자. 나의 집, 나의 삶에 애정을 쏟고 나면, 이곳에서 살아가는 하루하루가 행복해질 것이다.

# contents

# chapter 1

# SINGLE LIFE
# BEGINNING

"이체 한도 초과" 화면에 뜬 경고 표시를 본 나는 당황스러워 식은땀을 흘렸다. 첫 번째 이사 날이었다. 곧장 집으로 가야 하는지 부동산으로 가야 하는지조차 헷갈렸고, 깜빡하고 계약서도 본가에 놓고 와서 멋쩍게 웃었던 그 날, 은행에 와서야 나는 내가 얼마나 안일했던가를 깨달았다. 첫 일 년은 그야말로 실수의 연속이었다. 떨리는 혼삶의 시작, 시행착오를 줄이는 팁들을 알아보자.

# 1

## 집
## 구
## 하
## 기

잘못 산 가구 = 바꿀 수 있다. 잘못된 청소법 = 앞으로 똑바로 하면 되지. 늘어난 니트 = 세탁소에 맡기면 된다. 하지만 잘못 구한 집은 앞으로 최소 일 년에서 운 없게는 최대 이 년간 우리의 통장과 삶의 질과 정신건강에 악영향을 미친다.

### 집 구하기의 기본

집 구하는 방법은 크게 직거래와 부동산거래로 나눌 수 있다. 직거래는 SNS나 어플, 커뮤니티 등을 통해 일대일로 계약을 진행하는 방법이다. 가장 큰 장점은 복비(부동산중개료)를 아낄 수 있다는 것, 그리고 300km 떨어

All of your days will
be bright as the sun.

△   위치
○   방향 - 남향
○   받기 - 8평
×   층수  - 1층
×   습기  - 곰팡이 자국!!
△   방음
○   욕실
△   옵션 - 신발장 없음
○   관리비 - 3 (전기·수도 별도)

진 부산에서도 서울 신림동의 자취방을 확인할 수 있다는 것이다. 그러나 중개인이 없기에 사기 등의 분쟁이 심심치 않게 발생하기도 한다. 부동산을 통한 거래는 통상적으로 약 이십만 원의 수수료가 발생하지만, 사기의 위험에서 안전하다는 장점이 있다. 후에 집이 경매로 넘어가는 경우나, 집주인과 황당한 갈등이 생기는 경우—가 설마 있을까 싶지만, 정말 있다—에도 부동산에서 중재까지 사후관리를 해 준다.

## 준비 사항

아무리 넉살 좋고 꼼꼼해도 집 감별사가 되기 위해서는 철저한 준비가 필요하다.

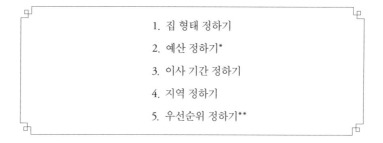

1. 집 형태 정하기
2. 예산 정하기*
3. 이사 기간 정하기
4. 지역 정하기
5. 우선순위 정하기**

이렇게 작성한 집 선호도는 나중에 다시 이사할 때 새로 작성하려면 여간 귀찮은 게 아니므로, 꼭 보관해 두도록 하자.

---

* 월세, 전세, 매매, 반전세 등 집의 형태를 정한다.
** 다음 장의 원룸 체크리스트를 참고하여 우선순위를 정한다.

## 부동산 고르기

부동산의 사후관리를 믿고 계약했는데, 부동산이 망해버리면 정말 난감하다. 부동산을 고를 때는 동네에서 오래 장사한 부동산을 고르는 것도 하나의 팁이다. 방문 전, 먼저 부동산에 전화를 걸어 예산과 선호도를 말하고 필요한 매물이 있는지 확인해 본다. 부동산은 3~4곳 정도를 돌아보되, 한 부동산에서 4~5개 이상의 집을 보지는 않도록 하자. 나중에 보여주는 집일수록 나의 선호도와 동떨어져 있을 가능성이 높다.

## 원룸 체크리스트

이제 본격적으로 집을 보러 다녀야 한다. 패기 있게 부동산에 오긴 했는데, 막상 집을 보러 가니 덜컥 겁이 난다. 부동산 아저씨도, 생전 처음 보는 낯선 동네도, 집주인 아주머니도 낯설고 무섭다. 나는 마치 세상 처음 핸드폰을 사러 전자상가에 온 사람, 처음 화장품 사러 백화점 1층에 온 새내기처럼 쭈그러든 기분이 든다. 이럴 때일수록 침착하게 핸드폰 메모장을 켜서 체크리스트를 작성하자.

### 1. 위치

—

너무 시끄럽거나 무섭지는 않은지 주변 환경을 살펴보아야 한다. 골목은 꼭 밤에도 방문해 보는게 좋다. 낮에는 안전해 보이던 골목이지만, 가로등이 없으면 밤에는 무서운 곳으로 변하기도 한다. 오히려 유흥가나 큰 대

*check list*

## 원
## 룸

위 치

–

방향, 채광

–

방 크기

–

층수

–

습기와 누수

–

방음

–

욕실

–

옵션

–

관리비 체크

로변이 유동인구가 많아 안전하지만, 대신 늦게까지 매우 시끄럽다는 단점이 있다.

원룸이 어떤 건물 안에 위치하고 있는가도 중요하다. 24시 편의점이나 새벽까지 영업하는 가게와 함께 있을 경우, 밤에 귀가할 때 좀 더 안전하다는 장점이 있다. 하지만 음식점 등 상가와 함께 있는 건물은 높은 확률로 시끄럽다. 또, 음식점과 함께 있는 건물은 벌레가 생길 확률도 다른 방보다 더 높은 편이다. 가게 간판이 바로 창문 근처에 있는 경우, 간판 불빛에 모여드는 날벌레의 습격을 받기도 쉽다.

## 2. 방향, 채광

—

집의 방향에 따라 달라지는 채광은 곧 집의 전기세, 난방비와 연결되므로 매우 중요한 문제이다.

남향의 경우가 가장 적절하게 햇빛이 잘 든다. 동향도 나쁘지 않지만, 아침 일찍부터 해가 들기 때문에 새벽에 강제로 일찍 일어나게 될 수도 있다. 북향은 햇빛이 잘 안 들고, 그렇기에 방 온도도 매우 낮은 편이다. 서향은 지는 오후 햇빛이 그대로 들어와서 여름에 매우 덥다.

하지만 아무리 남향이라도 창문이 없거나, 반지하, 큰 건물에 창이 가려진 경우에는 의미가 없다. 이런 경우는 창문이 가려진 남향보다 앞이 트인 북향의 채광이 더 좋다.

## 3. 방 크기

—

좁은 방도 빈방은 그럭저럭 살만해 보이지만 막상 살다 보면 이것저것

짐이 늘어나게 마련이다. 짐에 밀려서 냉장고 문조차 열지 못할 수도 있다. 방 크기가 넓은 방은 공간 활용하기도 좋고 인테리어 하기도 좋지만, 냉난방비가 더 나오고, 청소 면적도 넓어진다는 단점이 있다. 평수로 얘기하면 좁아 보이지만, 혼자 살 거라면 5~6평 정도도 나쁘지 않은 크기이다.

## 4. 층수
—

반지하의 경우 채광과 환기가 잘 안 되어 곰팡이가 잘 피는 등 여러 고충이 있으니 되도록 피하는 게 좋다. 특히 반지하나 1층은 침입이 쉽고 집 밖에서 안이 잘 들여다보이므로 보안이 신경 쓰인다면, 마음의 안정을 위해서라도 2층 이상의 집이 좋다. 옥탑방은 여름 햇빛을 그대로 받아 덥고, 겨울바람을 그대로 맞아 매우 춥다. 또 보통 옥상에 다른 세입자들이 출입할 수 있으므로 보안 문제도 있다.

싱글족들의 로망 중 하나인 복층 형태의 원룸이나 오피스텔은 보기에는 예쁘지만 여름에는 덥고, 겨울에는 추운 집이라는 함정이 있다. 천장이 높아 냉난방에 한계가 있기 때문이다. 이런 집은 예쁜 것과 더불어 전기세와 가스비가 덤이다. 건물 내에서 방의 위치는, 복도 끝 집보다 방과 방 사이에 위치하는 것이 단열이 잘 되어 더 따뜻하다.

## 5. 습기와 누수
—

곰팡이나 물이 흐른 자국으로 어느 정도 습기를 예측하거나 누수 여부를 알아볼 수 있다. 벽 모서리, 장판 구석, 창틀 주변에 곰팡이 자국은 없는지 확인해 본다. 곰팡이가 한 번 폈던 자리라면 다시 필 확률이 아주 높다.

## 6. 방음

–

대부분의 원룸이 방음이 열악하긴 하지만, 벽이 가벽인 경우에는 소음 문제가 심각하다. 심하면 옆집 통화 소리나 텔레비전 소리까지 다 들리기도 한다. 가벽은 벽을 두드려보면 속이 텅텅 비어있다는 느낌이 든다. 사실 이것만으로는 정확히 알 수 없고, 또 주변에 어떤 이웃이 사느냐에 따라서 소음 정도가 크게 달라지기도 하지만, 한 번쯤 체크해 보는 것이 좋다.

## 7. 욕실

–

부엌이나 욕실의 물을 한 번 틀어서 물은 잘 나오는지 수압을 체크해 봐야 한다. 이때 냉수와 온수 수압이 다른 집도 있으므로 온수도 한 번 틀어 보기! 욕실 환기가 되는지도 체크해 본다. 창문도 없는데 환풍기도 없다면 곰팡이의 천국이 된다. 창문이 있으면 환기는 더 잘 되지만, 바람이 들어와서 겨울에 몹시 추워지기도 한다.

## 8. 옵션

–

가전이 갖춰진 풀옵션의 집으로 들어가는 게 여러 초기비용을 줄일 수 있는 방법이다. 보통 냉장고, 에어컨, 세탁기, 가스레인지 정도가 옵션으로 포함되어 있고, 방에 따라서 신발장, 책장, 침대, 수납장, 옷장 등이 옵션인 경우도 있다. 어떤 가전과 가구들이 옵션인지, 이들의 상태는 너무 낡지 않았는지 꼼꼼히 보자.

## 9. 관리비 체크

―

가스비, 수도세, 전기세, 인터넷 비용 등 관리비에 어떤 공과금이 포함되는지 꼭 확인한다.

### 기타 체크사항

---

- **분리형 원룸**: 방과 부엌이 분리된 분리형 형태의 원룸은 방에 음식 냄새가 배지 않는다는 장점이 있다.
- **베란다 유무**: 짐을 보관하고 빨래를 말리는 용도로 사용할 수 있다.
- **방범**: 공동현관에 카드키나 번호키 등 방범장치가 있는지, 자취방 현관은 번호키인지 열쇠인지, 걸쇠가 있는지, 저층의 경우 방범창이 있는지 확인한다.
- **가스레인지**: 요리를 자주 한다면, 전기레인지나 인덕션보다 가스레인지가 더 편하다.
- **방충망**: 방충망에 구멍이나 틈은 없는지 살펴본다.
- **집주인 거주 여부**: 집주인이 건물에 같이 살면 문제가 생겼을 때 바로 올 수 있다는 장점이 있지만, 때로는 갈등의 씨앗이 되기도 한다. 또 되도록 계약 전에 집주인을 한 번 만나 보는 것이 좋다.
- **반려동물 사육 여부**: 반려동물을 기를 예정이라면 꼭 애초에 동물을 기르도록 주인이 허락한 집으로 계약해야 한다. 반대로 반려동물을 기르지 않는데 동물이 허용되는 원룸으로 들어간 경우, 강아지 짖는 소리 등의 소음문제가 발생할 수 있으니 유의해야 한다.

---

## 기타 팁

—

나중에는 이 방이 저 방 같고, 저 방이 이 방 같고 헷갈리기 시작한다. 작은 노트에 특징을 기록해두고, 방의 사진도 찍어두면 집에 와서 차분히 정리해 볼 수 있다. 세입자가 사는 방이라면 수압을 체크하거나 사진을 찍을 때 미리 양해를 구하고, 공과금은 보통 얼마나 나오는지, 방 특징은 어떤지 살짝 물어봐도 좋은 정보를 얻을 수 있다.

작은 불만 사항들은 집주인이 해결해주기도 하니 부동산에 얘기해 보는 게 중요하다. 예를 들면, 다 맘에 드는데 벽지가 너무 낡았거나, 가스레인지가 너무 구식이거나, 걸쇠가 없다거나, 방충망에 구멍이 있다거나 등. 일단 계약을 마치고 나면 세입자는 무조건 을이 되므로, 문제사항이 있다면 계약 전에 반드시 말한다.

당연히 이 모든 조건을 충족하는 방은 매우 비쌀 수밖에 없다. 우리는 한정된 예산으로 방을 구해야 하기에, 이런 조건 중에 절대 포기할 수 없는 것과 이건 양보할 수 있는 것들, 즉 우선순위를 미리 생각해 놓고 방을 보러 가야 한다. 내 얘기를 예로 들자면, 평수나 베란다, 옵션을 포기하고, 자동차 소음을 감수하더라도 안전한 곳(대로변, 2층 이상, 공동현관 번호키가 있는 곳)을 중요하게 생각하고 이사했다.

## 부동산 계약하기

원룸 거래는 큰 금액이 오가기 때문에 무엇보다 꼼꼼한 부동산 계약이 중요하다.

## 1. 계약

–

방이 마음에 들 경우, 계약서를 작성하게 된다. 보통 보증금의 10%를 계약금으로 미리 지급하는데, 이 상태에서 계약을 파기할 수는 있지만, 이 때 낸 계약금은 돌려받지 못하므로 신중히 생각해야 한다. 계약서를 볼 때는 다음 사항을 확인해야 한다.

---

* 계약자 명의도 등기부 등본과 같은지 확인한다. 집주인 공동명의일경우 계약서에도 두 명의 이름이 들어가야 한다.
* 벽지 도배, 장판, 번호키, 걸쇠, 방범창 등 사전에 약속된 특약사항이 기재되어 있는지 확인한다.

---

모든 계약 시 가장 중요한 것은, 계약금, 보증금, 전세금, 월세 등 모든 금전 거래는 꼭 기록으로 남는 계좌 이체를 통해서 해야 한다는 점이다.

## 2. 등기부 등본

–

계약 전에 반드시 확인해야 하는 서류다. 부동산에서 보여주기도 하지만, 700원만 내면 누구나 인터넷으로 조회할 수 있다. 건물, 토지의 경매 이력, 대출상황, 저당권(근저당*), 압류내역 등이 기록되어 있다. 이때 주의할 점 두 가지는 등기부 등본을 언제 뗐는지를 확인하는 것과, 말소내용까지 전부 뽑아봐야 한다는 점!

---

*근저당이란? 집을 담보로 돈을 빌린 것. 큰 보증금을 걸어두거나, 전세금을 냈는데 건물이 경매로 넘어간다면 아찔한 상황이다. 최우선변제를 받을 수 있다고 하더라도, 최우선변제금도 경매하고 남은 돈으로 세입자들이 나눠 갖기 때문에 제대로 못 받을 가능성도 있다는 사실! 시가의 60~70% 이상 근저당이 잡혀있는 경우는 위험하므로 피하는 것이 좋다.

# 2

이
사
하
기

## 이사 전 체크리스트

### 1. 이사업체 고르기

—

옮길 짐이 많은 경우, 포털 사이트에 검색해 보면 집 근처 용달 업체들을 찾을 수 있다. 또 부동산에서 좋은 업체를 소개해 주기도 한다. 업체마다 정말 가격이 제각각이니, 몇 군데 전화*를 돌려서 결정하도록 하자.

---

* 업체에 전화해서 말할 것: 이사 날짜와 짐이 얼마나 있는지를 얘기해야 한다. 예를 들면, 3월 20일 아침에 이사 예정이고, 짐은 택배 상자로 세 박스 정도, 가구는 침대와 책상이 있다고 알려주어야 업체에서 가격을 책정할 수 있다. 짐이 많거나 엘리베이터가 없어서 사다리차를 불러야 하는 경우 가격이 올라간다.

## 2. 인테리어 구상

―

계약을 했으니 곧 우리의 보금자리가 될 곳! 대충 도면을 그려서 어디에 어떤 가구를 배치할지도 생각해 보고, 인터넷으로 가구도 몇 개 봐 두는 게 좋다. 일단 이사한 후에 가구를 사려고 하면 며칠 동안은 텅 빈 방에서 덩 그러니 살아야 하기 때문이다. 찍어 둔 사진을 참고하거나, 줄자를 들고 방을 한 번 더 방문해서 방 크기와 가구 배치를 가늠해 보자.

## 3. 이체 한도 확인

―

이사 당일에는 보증금 잔금과 월세(선불일 경우)를 내게 된다. 그런데 이전에 큰돈을 거래한 적 없다면 이체 한도가 낮게 설정되어 있을 가능성이 높다. 당일 당황스러운 상황이 벌어지지 않게, 미리 한도를 체크해 두자.

## 4. 부동산 중개료

―

일명 복비라고 부르는 부동산 중개료는 이사 날 잔금을 치른 후에 지급한다. 부동산 중개료는 계산법을 통해 상한 가격을 구해볼 수 있다. 즉, 이가격 이하로 깎아 줄 수는 있지만, 이 가격을 초과하여 청구할 수는 없다는점을 기억하자!

―――――――――――――――――――――――――――――――――

• **부동산 중개료 계산법: 보증금 + (월세×100) = 환산보증금**
전세의 경우 환산보증금을 계산할 필요 없이 전세가로 계산한다. 환산보증금이 5,000만 원 미만일 경우에는 보증금+(월세×70)으로 계산한 가격의 0.5%

가 수수료이며, 최고 20만 원까지 청구할 수 있다.

- **예시**: 보증금 500만 원, 월세 40만 원인 집의 경우 500+(40×100)=4,500이므로 환산 보증금이 5,000만원이 넘지 않는다. 이럴 때는 500+(40×70)=3,300만 원, 3,300만 원×0.005=165,000원, 여기에 부가세 10%를 더하면 181,500원이 부동산 중개료 상한 가격이 된다.

---

환산보증금이 5,000만 원 이상 1억 원 이하일 경우 수수료는 0.4%(최고 30만 원), 환산보증금이 1억 원 이상 3억 원 미만일 경우 수수료는 0.3%가 된다(최고 40만 원). 오피스텔의 경우 임대 0.4%로 적용된다. 복잡하게 보일 수도 있지만 차근차근히 해 보면 어렵지 않다. 잘 이해가 안 된다면 네이버에 중개수수료 계산기를 검색하여 쉽게 계산해 볼 수 있다.


## 이사 후 체크리스트


### 1. 전입신고, 확정일자

—

이사를 마쳤다면 바로 확정일자를 받고 전입신고를 마쳐야 한다. 확정일자를 받는 것은, 이 계약서가 존재한다는 증명을 받는 것이다. 전입신고를 하게 되면 우리는 이제 새로운 지역의 주민이 된다. 전입신고를 하고 확정일자를 받아야 혹시 모를 상황에서도 임차인의 권리를 주장할 수 있으니, 잊지 말고 꼭꼭 신청하지.

---

- **방법1**: 동사무소를 방문해서 신청하는 방법. 준비물은 계약서와 신분증, 그리

*check list*

이
사
전

이사업체 고르기
–
인테리어 구상
–
이체 한도 확인
–
부동산 중개료

이
사
후

전입신고, 확정일자
–
구석구석 사진 찍어놓기

고 확정일자 수수료 600원이다.

- **방법2**: 인터넷으로 신청하는 방법. 전입신고는 "민원24" 홈페이지에서, 확정일자는 "인터넷 등기소" 홈페이지에서 신청할 수 있다. 본인 명의의 공인인증서가 필요하다. 확정일자의 경우 추가로 수수료 500원, 계약서 스캔본도 있어야 한다.

전세의 경우 전세권설정도 함께 하는 것이 전세금을 안전하게 보호할 수 있는 방법이다.

---

## 2. 구석구석 사진 찍어놓기

벽지가 손상된 부분, 들어오지 않는 전등, 고장 난 문고리가 있지는 않은지 구석구석 사진도 찍어두고, 문제가 있다면 즉시 집주인에게 알려야 한다. '이미 고장 나 있었다'는 증거가 없으면 나중에 자비로 수리를 해야 하는 등의 억울한 상황이 생길 수 있다.

# PLUS : 임대차계약 후 꼭 체크할 것

• **계약만료일**: 주택임대보호법에는 묵시적 갱신이라는 것이 있다. 계약 만료일이 되었다고 해서 그냥 계약이 끝나는 것이 아니라, 만료일 1개월 전에 나간다고 계약해지 통보를 해야 계약이 끝나게 된다. 그렇지 않고 가만히 있으면 자동으로 계약이 연장되는 재계약 상태, 묵시적 갱신 상태가 된다. 그러니 계약 끝나는 날도 잊지 말고 체크해 두자.

• **월세 납부일**: 월세는 두 번 이상 밀리면 퇴실 조치가 취해져도 법적으로 보호받지 못하므로, 납부일도 꼭 기록해 두거나 자동이체를 설정해 두자.

• **계약서에 금지된 행위**: 계약서에 특약으로 금지된 사항 (예를 들면 흡연, 애완동물 사육, 못질 등)을 할 경우 퇴실 조치 될 수 있으니 유의해야 한다.

• **전대차, 재 월세 놓는 경우**: 계약서에 명시된 기간보다 빨리 방을 빼게 되었거나, 방학 때 본가에 내려가게 되어 친구에게 방을 넘겨주거나 하는 경우이다. 이럴 때 집주인에게 알리지 않으면 계약해지를 통보받을 수도 있다. 방을 양도할 사정이 생겼다면 꼭 임대인의 동의를 얻도록 하자.

3

원룸 생필품 리스트

생필품이란 말 그대로 생활 '필수'품이다. 생활에 필요한 최소한의 물건, 필요 이상을 충족시키지 않는 물건만을 사야 한다. 별거 아닌 것 같지만 정말 중요하다.

시작은 살짝 부족하게, 그러다가 '아, 정말 이건 없으면 못 살겠다'는 깨날음이 생겼을 때마다 하나씩 채워가야 한다. 필요 없는 짐은 애초에 하나라두 덜 만드는 게 공간과 돈을 절약할 수 있는 방법이다. 설레는 마음에 예쁘다고, 필요해 보인다고 이것저것 샀다가는 한 달 안에 처치 곤란한 짐이 된다.

# 생활

티슈, 옷걸이, 침구 / 비상약: 타이레놀, 감기약, 후시딘, 반창고 등 / 멀티탭 / 플라스틱 정리함 / 휴지통* / 스탠드** / 문구용품: 가위, 칼, 테이프 / 반짇고리: 실, 바늘 / 빨래 건조대, 빨래 바구니, 세제, 섬유유연제 / 지퍼백, 비닐백 / 쓰레기봉투 / 발 매트 / 달력, 시계

# 미용

거울 / 빗 / 드라이기 / 손톱깎이 / 귀이개 / 화장품

---

\* 뚜껑 달린 휴지통이 좋다. 뚜껑이 없으면 냄새도 나고, 여름에 벌레도 빨리 꼬인다.
\*\* 책상에서 작업할 때 필수품. 특히 기숙사생이나, 룸메이트와 함께 생활하는 경우 스탠드가 꼭 있어야 한다. 친구는 잘 시간인데, 나 공부하자고 불을 켤 수는 없으니까!

## 욕실

슬리퍼 / 수건 / 휴지 / 비누, 비누받침 / 치약, 칫솔, 양치 컵 / 면도기 / 샴푸, 바디 워시, 샤워볼 / 욕실용 쓰레기통 / 대야 / 목욕 바구니*

## 주방

고무장갑 / 수세미 / 주방세제 / 프라이팬, 냄비 / 식칼 / 도마 / 뒤집개 / 국자 / 주걱 / 식기(컵, 그릇, 수저)**

## 청소, 세탁

물티슈 / 롤러 / 작은 빗자루 세트 / 욕실용 정소솔 / 세탁세제, 주방세제

---

*욕실 선반이 없는 경우 목욕 바구니를 하나 사서 목욕용품을 담아둘 수 있다. 특히 룸메이트와 욕실용품을 각자 사용하는 경우에는 바구니가 필수!
**두 벌 정도는 사 두는 게 좋다. 손님 왔을 때도 쓸 수 있고, 설거지하기 귀찮을 때도 밥을 먹을 수 있다. 그러나 식기가 너무 많으면 싱크대에 쌓아놓을 때까지 설거지를 안 하는 사태가 발생하므로, 적당히 사 놓자. 사실 요리 욕심이 없다면 식판을 사는 것도 좋은 방법이다.

# 4

싱글족의 필수 가전

가전을 고른다고 생각하면 갑자기 신혼집이나 꾸미게 된 것처럼 부담스럽다. 하지만 오버는 금물. 이것도 사고 저것도 사서 문제인 생필품과는 달리, 보통 원룸의 가전이란 '안 사서' 문제인 경우가 많다. 사실 대부분의 가전은 중고로도 잘 팔리므로, 생활패턴을 고려하여 꼭 필요하다고 판단되는 경우에는 구매하는 것이 삶의 질을 위해 좋다.

## 밥솥

전기밥솥과 전기압력밥솥 두 종류가 있다. 전기밥솥이 더 저렴하지만, 밥맛은 덜 하다. 크기는 3~4인용을 구매하면 적절하다.

## 청소기

머리카락이 길다면 꼭 있어야 할 가전. 작은 무선 핸디 청소기는 성능이 그다지 좋은 편이 아니고 수명도 짧다. 방에 충분한 공간이 있다면 조금 더 큰 유선 청소 기를 구매하는 것도 나쁘지 않다.

## 다리미

자주 입는 옷 스타일에 따라 필수 가전이 될 수도, 되지 않을 수도 있다. 하지만 와 이셔츠를 자주 입는 남성들의 경우에는 깔끔함을 지켜주는 필수 아이템. 다리미 에는 일반 건식다리미와 스팀다리미가 있는데, 건식다리미는 분무기로 물을 뿌 려줘야 하는 번거로움이 있으므로 자주 사용할 예정이라면 스팀다리미를 구매하 는 것이 편하다.

## 전자레인지

싱글족에게 '필수'라는 말이 가장 잘 어울리는 물품이다. 간편한 조리도 가능하고, 남은 배달음식을 데워 먹거나, 베이킹까지 가능한 만능 가전이다. 다만 한 번 3분 조리의 편리함을 알아버리면 벗어나기 힘들어서인지 전자레인지가 있으면 급격하게 인스턴트 섭취량이 증가한다.

## 전기 포트

딱히 없어도 생활에 지장은 없지만, 있으면 아주 편리한 가전. 커피나 차, 컵라면도 쉽게 해 먹을 수 있다. 전기 포트는 유리, 스테인리스, 플라스틱 소재가 있는데, 플라스틱 소재의 전기 포트는 환경호르몬 문제가 있으므로 저렴해도 피하는 것이 좋다.

## 믹서

그나마 싱글족의 비타민 섭취를 도와주는 필수품. 간단하게 과일주스나 스프를 해 먹을 수 있다.

### 제습기

큰 덩치와 가격이 일견 부담스럽게 느껴지기도 하지만, 막상 사용해 보면 필수품이라는 말이 아깝지 않은 물건. 무려 여름 자취방의 곰팡이, 습기, 벌레, 겨울 자취방의 결로를 예방해주며, 빨래를 말릴 때도 유용하다. 단점은 큰 크기와 비싼 가격, 그리고 작동 시 실내 온도가 높아진다는 점이다.

### 냉난방 기구

때론 바깥보다 춥고 더운 원룸에서 전기장판과 선풍기와 같은 냉난방 기구는 단순한 필수품이 아니라 생명을 유지하기 위한 생존품이다.(올바른 전기장판 고르는 방법은 p.190를 참고.)

### 세탁기, 에어컨 등의 대형 가전

이런 가구들은 보통 원룸에 옵션으로 들어있거나, 옵션이 없는 경우엔 이전에 살던 사람이 새로 들어오는 세입자에게 중고로 팔고 나가는 경우가 대부분이다. 만약 이런 기본 옵션이 없는 집이라면 별로 추천하고 싶지 않다. 세탁기 정도로 큰 가전은 참으로 사는 것도, 파는 것도 머리 아픈 문제다.

essay

가구와 실수

예나 지금이나 나는 원목 가구가 너무 좋다. 언젠가 따뜻하고 부드러운 나뭇결의 원목 책상 위로 사르르 햇살이 비치는 집에 살겠다는 목표도 아직 유효하다. 하지만 원목까지 살 돈은 없었던 스무 살의 나는 일단 대충이라도 로망을 충족시키고자 합판 가구를 샀다. 작은 2단 선반이었다. 이걸로 뭘 할까 고민하다가, 합판 가구를 싱크대 옆에 두고 설거지한 그릇을 정리하는 용도로 썼다. 그릇에서 떨어진 물은 그대로 합판에 스며들었고, 결과는 충격적인 곰팡이 가구로 나타났다. 물론 그 방은 어떤 방보다 심하게 습한 방이기도 했고 하필 싱크대 옆에 둔 영 잘못된 위치선정 탓도 있지만, 곰팡이 가구의 트라우마는 아주 오래오래 남아서 나는 지금까지도 합판 가구를 못 사고 있다.

다음으로 답이 없어진 건 침대였다. 처음에는 안 그래도 좁은 방인데, 굳이 짐 늘리지 말고 대충 이불만 깔고 살아도 될 것 같았다. 그런데 정신을 차리고 보니 얼마 지나지 않아 매일 밤 먼지와 머리카락과 함께 잠드는 나를 발견했다. 침대가 없으면 좁은 자취방을 더 효율적으로 사용할 수 있을 거라 생각했던 것도 오산이다. 정작 이불을 안 개기 때문에 별 소득이 없었다. 내 게으름을 너무 얕잡아 봤다. 이불 개기의 귀찮음을 체득한 이후에는 그냥 대충 밀어서 쌓아놓게 된다. 방문객들에게 절대 못 보여줄 꼴이다.

그런가 하면 의자도 호락호락하지 않았다. 나름대로 쿠션감 있는 의자로 바꾸고자 가죽이 덧대어진 카페 의자를 샀다. 그런데 언제부턴가 자꾸 허벅지에 두드러기가 나기 시작하는 것이 아닌가. 병원에 찾아가자 의사 선생님의 첫 마디.

"혹시 의자 바꾸셨어요?"

결국, 피부과 약만 얻어서 돌아왔다. 아, 로망과 현실이 이렇게 멀다니.

# 5

원룸 가구 고르기

마음만은 북유럽 스칸디나비아 거주 5년째. 하지만 서울의 작은 원룸 현실에는 많은 난관이 있다.

## 가구 구매할 때 생각해 볼 것

원룸 방은 매우 좁다. / 생각보다 이사를 자주 하게 될 것이다. / 색상은 통일하는 것(주로 흰색)이 방이 더 커 보인다. / 가구들의 높이는 비슷하게 맞추는 것이 좋다. / 지금 큰 집이더라도, 다음에 작은 집으로 이사 가게 될 수 있다. / 게다가 집마다 옵션이 달라서 못 가져가는 가구가 생기고, 이럴 경우 중고로 팔기도, 버리기도 애매해진다. / 그렇다고 비싼 가구 들고 이사 가면 여기저기 긁히는 사태가 발생한다. / 그러니, 생존에 필요한 가구만 신중하게 들이는 것이 중요하다.

## 가구 소재 고르기

저렴하고 아늑한, 원목 느낌의 가구들은 대개 합판 소재를 사용하고 있다. 습한 방, 혹은 부엌이나 욕실 등 물기가 많은 곳에 배치하려면 합판보다는 철제 소재 가구를 사용하자. 비슷하게 저렴하면서 곰팡이로부터 안전하다.

## 침대 고르기

침대 프레임은 비싸고, 공간을 많이 차지하기도 하고, 무엇보다 이사 갈 때 짐이다. 그렇다고 매트리스만 놓고 쓰면, 습기가 많은 원룸 특성상 매트리스와 장판 사이에 곰팡이가 필 수 있다. 그래서 추천할만한 조합은 매트리스＋플라스틱 받침대＋침대 커버! 플라스틱 받침대는 가격도 저렴하고, 곰팡이도 예방할 수 있다. 게다가 침대 밑 공간에 공간 박스를 넣어 수납할 수 있으므로 효율적이다. 플라스틱 받침대 다리가 안 예뻐 보인다면, 베드 스커드를 사다가 덮는다. 이외에 매트리스에 처음부터 다리가 딸려서 나오는 제품들도 있다. 매트리스를 오래 쓰기 위해서는 주기적으로 뒤집어주는 것이 좋은데, 이런 제품들은 뒤집을 수 없다는 단점이 있다.

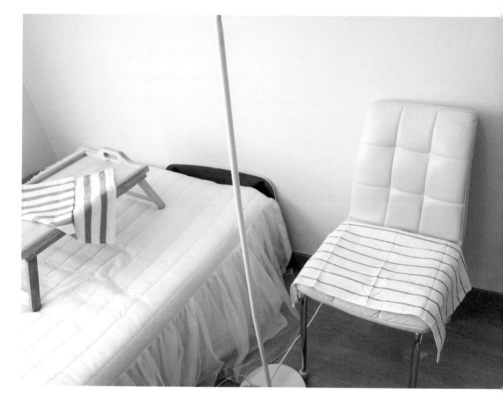

## 의자 고르기

의자의 목적을 확실히 하자. 인테리어용으로 두고 거의 앉지 않을 것인가? 가끔 다이어리를 쓸 때만 앉을 것인가? 집에서 공부를 할 것인가? 만약 공부가 목적이라면, 디자인을 포기하더라도 꼭 편한 제품을 선택해야 한다. 카페에서 많이 쓰는 플라스틱 의자의 경우 오래 앉아있으면 허리 건강을 해치기에 십상이다.

### 선반, 책꽂이 고르기

나란히 들어가는 가구들은 비슷한 키로 맞춰주어야 방이 깔끔해 보인다. 나란히 들어가는 가구들은 키와 색깔을 비슷하게 맞춰야 방이 깔끔하고 넓어 보인다. 선반과 책꽂이의 경우, 벽에 밀착하여 배치하면 벽지와 책꽂이 사이에 습기가 차서 곰팡이기 생길 수 있으므로 살짝 간격을 두는 것이 좋다.

*6*

싱
글
족
의

공
과
금

지
식

이사를 마치고 나면 기대와 설렘 반반으로 자취생활의 첫발을 내딛게 된다. 어떻게 하면 더 예쁜 집에서 살 수 있을지, 어떻게 하면 더 쉽게 정리할 수 있을지, 내일 아침은 뭘 먹을지 하루하루 귀여운 고민투성이다. 그러나 머지않은 미래에는 갑자기 날아온 딱딱한 숫자들에 당황하게 될 것이다. 독립을 한다는 건 물리적, 경제적 의미도 있지만, 법적 행정적으로 '1인 가구'가 된다는 의미도 포함되어 있다.

## 주민세

첫 이사를 마치고, 처음으로 전입신고를 했다. 이제 1인이 가구원인 '단

독세대주'가 된 것이다. 주민세란 말 그대로 지역주민으로서 해당 지역에 내는 세금이다.

주민세는 크게 두 가지 종류가 있다. 첫 번째는 균등할 주민세로, 지역 주민이라면 모두 같은 금액을 내는 세금이다. 지역에 따라 다르지만 보통 5,000원에서 1만 원 내외를 일 년에 한 번, 8월에 내게 된다. 두 번째는 소득할 주민세로, 소득이 있는 경우 월급에서 일정 부분 주민세를 공제하게 된다. 그렇다면 이런 주민세, 꼭 내야 할까? 지역주민이라면 기본적으로 납세의 의무가 있지만, 대학 재학생의 경우 주민세를 면제받을 수 있다. 지방세법에 의거, '납세의무를 지는 세대주와 생계를 같이 하는 가족', 즉, 부모님과 생계를 같이하는 가족으로 인정되기 때문이다. 각 구청 세무과에 전화 혹은 방문하여 면제를 받을 수 있다. 면제 사실을 모르고 과거에 이미 내 버린 주민세는 구청 세무과에서 환급받을 수 있다.


## 건강보험료


주민세와 달리 훨씬 큰돈이 매달 청구되기 때문에 항상 꼼꼼히 체크해야 한다. 건강보험료는 각 케이스마다 상황이 다르므로 쉽게 설명하기 위해 세 가지 케이스로 나눠서 알아보자. 먼저 기본 개념으로, 건강보험료에는 직장가입자(즉, 직장인)와 지역가입사(프리랜서, 자영업자 등) 두 가지 종류가 있다.

---

a. 대학에 다니는 자취생, 프리랜서 자취생이며 부모님이 건강보험 직장가입자(즉, 직장인)인 경우: 부모님의 피부양자로 본인을 등록하면 따로 낼 필요가 없다.

b. 대학에 다니는 자취생, 혹은 프리랜서 자취생이며 부모님이 건강보험 지역가입자(즉, 자영업자)인 경우: 건강보험 추가증(발급대상: 19세 미만인 자, 대학생, 재수생, 직업훈련원생)을 발급하면, 부모님의 보험료에 합산되어 청구된다.

c. 4대 보험에 가입된 직장인들은 급여에서 보험료가 빠져나가므로 별도로 내지 않는다. 이 경우에는 지역가입자로서 청구된 본인의 건강보험료를 내야 한다.

*Tip.*

4대 보험에 가입되어 1년 이상 직장생활을 하다가 퇴사한 경우, '임의계속가입자'를 신청하면 최대 2년간 직장가입자로서 종전 사업장과 같은 보험료를 낼 수 있다. 지역가입자의 보험료보다 직장가입자의 보험료가 훨씬 저렴하므로, 퇴사하게 된 경우 신청하는 것을 잊지 말자!

---

## 수신료

전기세 고지서를 확인하다 보면 간혹 텔레비전 수신료가 찍혀있는 경우가 있다. TV가 없는데 수신료가 청구된 경우에는 한전(123번)에 전화해서 해지 신청을 할 수 있다. 이때 주의할 점은 TV가 있는데 안 본다거나, 고장 난 경우, 심지어 수신이 가능한 모니터가 있다고 해도 해당 사항이 없다는 점! TV가 아예 없을 때만 수신료를 내지 않아도 된다. 간혹 직접 집에 방문하여 TV가 정말 없는지 확인하기도 한다.

또 이미 낸 수신료는 환불받을 수가 있는데, 정확히 고지된 정책이 없다. 이 부분은 앞으로 제도적으로 개선되기를 바라지만, 지금까지는 한전에서 이미 낸 수신료 중 최근 3개월분까지를 '관례적으로' 환불해주는 것이 일반적이다.

# PLUS : 동사무소(주민 센터) 이용하기

"골목 원룸에 사는 여대생입니다. 얼마 전 장마 이후 가로등이 들어오지 않아서 밤에 집 올 때마다 너무 무서워요."

"공원 앞에 사는 자취생입니다. 날씨가 따뜻해지니 나무에 사는 벌레들이 자꾸 집 안으로 들어오네요. 검색해 보니 외국에서 들어온 해충이어서 살충제로도 안 죽는다고 하는데 어떡하죠?"

"술집 외부 스피커로 틀어놓는 너무 큰 노랫소리 때문에 잠을 이룰 수가 없어요."

—

모두 내가 직접 겪었던 일이다. 혼자 살다 보면 이런 예상치 못한 상황들이 벌어지곤 한다. 해결법은 의외로 아주 간단하다. 바로 구청이나 주민센터에 민원을 넣는 것. 각 구청 홈페이지 전자민원창구로 접속하여 게시판에 글을 쓰거나, 직접 유선전화를 연결하여 민원을 넣을 수 있다. 가로등 등의 시설이 망가졌을 경우 보수요청을, 생활에 지장을 주는 불법행위의 경우 단속요청을, 개인적으로 처리하기 힘든 벌레의 경우 방역요청을 할 수 있다. 물론 민원을 넣는다고 해서 모든 일이 즉각 100% 처리되는 건 아니지만(특히 해충의 경우 전국적으로 서식하는 경우가 많기에, 작은 동네 방역을 마쳐도 박멸되지 않을 수 있다), 혼자 끙끙 앓는 것보다 쉽게 해결할 수 있다.

# chapter 2

# ARRANGEMENT

나만의 공간이 생겼다면, 이제 이곳을 내 방
식대로 정돈해야 한다. 수납 정리가 잘 된 집
은 생활의 편의성을 높여줄 뿐 아니라 보기에
도 깔끔하다. 갈 곳을 잃고 여기저기 널려 있
는 물건들이 있는 이상 청소나 인테리어는 의
미가 없다. 그러니 다른 집안일보다 수납 정리
방법을 먼저 알아야 한다.

$1$

## 정
## 리
## 의
## 기
## 본

### 정리의 기본 원칙 : 제자리에 놓기

사실 정리 자체보다 어려운 건 유지다. 블로그를 보며 백번 정리해도 우리 집이 잡지 속 그 집이 될 수 없는 건, 3일만 지나도 보람 없이 원상복귀되기 때문이리라. 항상 깔끔한 집을 유지하는 사람들의 비법을 알아야 한다. 유지의 비법이란 다른 게 아니다. 이것 딱 하나만 기억하자. 물건을 쓰고, 제자리에 놓기. 이미 알지만 힘들다고? 그렇다면 적어도 '비슷한 자리'에라도 두자. 욕실 물건은 욕실에라도, 주방 물건은 주방에라도, 서랍 물건은 서랍 근처에라도 두자. 적어도 제자리 근처에라도 두면, 오다가다 정리하게 된다. 칫솔을 부엌에 꽂아두거나 필통을 침대 옆에 두거나…. 만약 지금 그렇게 살고 있다면, 바로 그 습관부터 버리자.

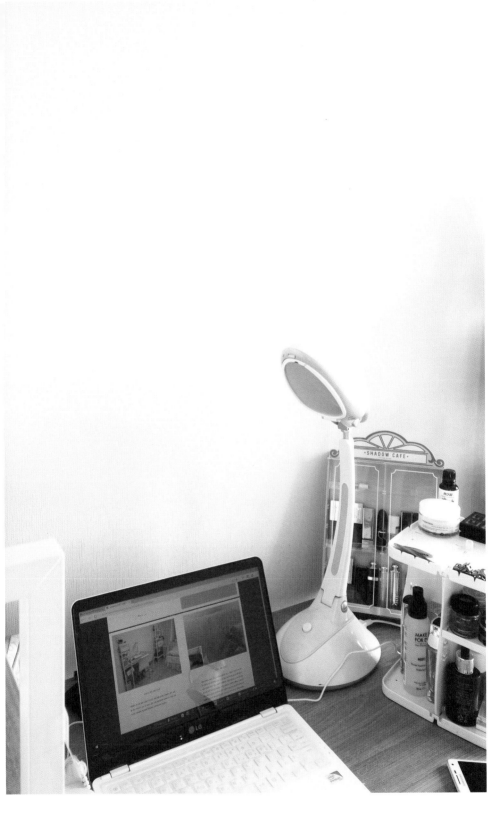

# 2

실
전
정
리
법

 

혼자 생활을 하다 보면 무엇보다 '정리의 중요성'을 절실히 깨닫게 된다. 바쁜 일상에 청소를 조금 게을리해도 구석까지 정리가 되어 있으면 깔끔해 보인다. 또한 특별히 인테리어를 하지 않아도 전체적으로 정돈이 잘되어 있으면 방이 예뻐 보이기도 한다. 그러니 정리야말로 최고의 청소, 최고의 인테리어라고 말할 수 있다. 사소해 보이지만 집이 훨씬 깔끔해 보일 수 있는 실전 정리법을 알아보자.

*check list*

수
납
정
리

옷장 정리하기
-
가방 수납하기
-
싱크대 하부장 정리하기
-
책상 정리하기
-
수건 수납하기
-
행거로 편리한 수납하기
-
어지러운 전선 정리하기
-
냉장고 정리하기

# [ 옷장 정리하기 ]

옷장에 자리가 없어서 서랍에 옷을 구깃구깃 넣고, 행거 위에 쌓아놓고 있었다면? 지금 당장 옷장을 정리해보자.

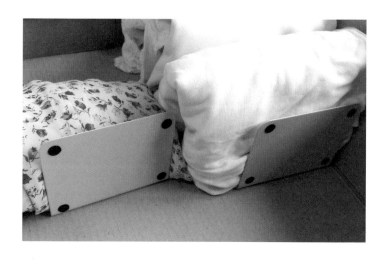

## 서랍용 칸막이로 옷 구역 나누기

—

마구잡이로 옷을 넣게 되면, 처음에 아무리 가지런했더라도 뒤적거리면서 엉망이 되곤 한다. 천원 내외로 구매하거나, 하드보드지를 직접 잘라 만들 수 있는 서랍용 칸막이를 이용하여 계절별·색깔별로 옷을 나눠 두면 찾기도 쉽고 정리도 쉽다. 이때 옷은 가로로 쌓지 말고 꼭 세로로 접어서 넣어야 어떤 옷이 있는지 한눈에 확인할 수 있다.

*Tip.*

칸막이 대신 북엔드를 이용해서 옷을 정리할 수도 있다. 칸막이와 달리 칸 변경이 유동적이다. 옷을 꺼내거나 빨아서 공간이 많이 남을 때도 그때그때 칸을 조절할 수 있다는 장점이 있다.

7련 행거 활용하기

–

말 그대로, 세로로 길게 7벌의 옷을 걸 수 있는 행거다. 티셔츠보다 블라우스나 셔츠 종류를 많이 입는 나는 옷장을 정리하기가 참 애매하다. 접어서 보관하면 다구겨져 버리고, 옷걸이에 전부 걸어놓자니 내 옷장은 터무니없이 작다. 공간이 무한 확장되는 나니아의 옷장이라도 빌리고 싶은 심정으로 다이소를 누비다가, 좋은 아이템을 발견했다. 이 옷걸이는 바지, 치마를 걸어놓는 용도로 써도 유용하지만, 겨울 옷장의 최대 난제인 니트 수납을 좀 더 편하게 할 수 있다. 니트는 접어도 말아도 서랍에 넣기엔 부피가 너무 큰 옷인데 행거에 걸어두니 깔끔해진다. 다만 부피도 크고 무거우므로 3~4개 정도만 거는 게 적당하다.

# 니트 거는 방법

—

## 옷걸이 고르기

—

옷걸이도 수십 가지의 종류가 있다. 가장 얇은 옷걸이인 세탁소 옷걸이 종류는 피하도록 하자. 얇은 옷걸이에 셔츠나 블라우스를 걸면 어깨 모양이 망가지고, 그렇다고 두꺼운 옷을 걸면 옷걸이가 휘어버린다. 어깨를 두툼하게 받치는 옷걸이는 코트나 재킷을, 두 번째로 두꺼운 옷걸이에는 원피스를, 비교적 얇은 옷걸이에는 셔츠나 블라우스를 걸어, 각 옷걸이 용도에 맞게 사용한다면 옷의 모양을 더 잘 유지할 수 있다.

## 양말, 속옷 정리함

—

칸이 마련된 정리함을 사용하면 속옷이나 양말을 한눈에 확인할 수 있다.

## 제습제

—

옷장은 습해지기 쉬우므로 제습제가 꼭 있어야 한다. 시중에서 판매하는 제습제나, 약국에서 판매하는 실리카겔을 넣어 두어 습기를 제거하자.

## 리빙 박스

—

계절이 아닌 옷들은 굳이 옷장에 넣어두지 말고, 리빙 박스를 이용하여 침대 밑이나 자취방 구석에 보관하자. 리빙 박스는 최소 몇 달 동안 밀폐되어 있기 때문에 제습제를 꼭 함께 넣어야 한다.

# PLUS : 옷장 관리를 위한 습관

• **안 입는 옷은 결단력 있게 버리기**: 한 계절이 지나도록 입지 않는 옷은 과감히 버리자. 이때, 재활용할 수 있는 옷들은 초록색 의류 수거함에 넣거나 아름다운가게에 기부를, 입을 수 없을 정도로 망가진 옷들은 일반쓰레기로 버리면 된다.

• **빨래 후 마른 옷은 꼭 개기**: 빨래를 건조대에 며칠씩 내버려 뒀다가, 결국 건조대에서 빼서 입고 바로 세탁기로 직행하고를 반복하다 보면 옷이 깔끔하게 정리될 수가 없다. 잠깐 티비라도 틀어놓고 딱 5분만 투자해서 빨래한 옷은 바로 개도록 하자.

• **입고 나서 던지거나 쌓아놓지 않기**: 옷을 한 번 던져두면 그 위에 무의식적으로 계속 쌓게 된다. 결국 옷 무덤이 생기고 만다. 혹은 코트를 벗어서 습관처럼 의자에 거는 경우도 많다! 이럴 경우 옷이 구겨지거나 망가지는 것도 문제고, 먼지와 머리카락 등으로 더러워지기 쉬우니 옷을 아무 데나 던져놓는 습관은 꼭 고치는 것이 좋다.

• **옷걸이에 걸 때는 끝까지 잠그기**: 옷걸이에 거는 옷의 단추나 지퍼는 꼭 끝까지 잠가야 옷의 모양이 망가지지 않는다.

# [ 가방 수납하기 ]

여자 인생의 최대 난제 중 하나인 가방 수납. 많은 가방 중에서도 미니백, 에코백을 깔끔하게 정리할 수 있는 방법이다.

• 준비물: 네트망, 도어후크, S자 고리

먼저 도어후크를 옷장 위쪽에 걸어준다. 여기에 네트망을 걸고, S자 고리도 걸어주면 가벼운 가방, 자주 드는 가방들을 걸어둘 수 있는 가방 정리대가 완성된다

*Tip.*

• **후크의 종류**: 도어후크의 경우 여러 종류가 많지만, 그중에서도 '싱크대 봉투걸이용' 후크를 사용했다. 물건을 거는 부분이 다른 후크들보다 좁아서 얇은 네트망을 흔들림 없이 잡아준다.

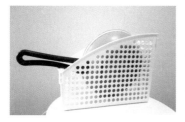

### 프라이팬

프라이팬과 냄비를 그냥 쌓아두면 꺼내기가 매우 힘들다. 이럴 때 파일꽂이를 이용하면 좁은 공간에도 사용하기 쉽게 수납할 수 있다.

### 가루류

-

여기저기 널려있는 가루들은 일단 집게로 입구를 밀봉한 이후, 저장식품과 함께 바구니에 넣어두면 한눈에 보기 쉽다.

### 랩, 은박지, 지퍼백

-

역시 파일꽂이에 세로로 쏙쏙 꽂아준다. 어떤 종류인지 한눈에 들어와서 보기도 편하고, 헤집을 필요 없이 뺄 수 있어서 쓰기도 편하고, 자리도 적게 차지한다.

### 소스류

-

재활용할만한 상자나 플라스틱 바구니 등에 넣어서 보기 쉽게 정리한다.

### 쓰레기봉투

-

묶음으로 산 쓰레기봉투는 여기저기 널려있을 때가 많다. 한 장씩 접어서 보관하면 남은 개수를 보기도 쉽고 깔끔하다.

작은 서랍 활용

—

약, 각종 티켓, 화장품 샘플, 문구류는 물론, 필기구도 종류별로 수납할 수 있다.

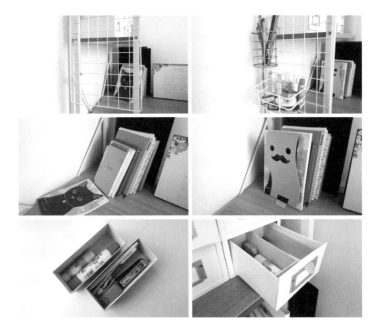

### 네트망 이용

–

책상이나 벽에 후크로 네트망을 고정하고, 펜꽂이와 선반을 걸어서 자주 쓰는 물건을 두고 사용하면 편리하다.

### 북엔드 활용

–

책상 한쪽에 기대 세워놓은 책과 파일들은 무너지고 구겨지기 쉽다. 북엔드를 사용해 고정하면 흐트러지지 않는 책상이 된다.

### 칸막이 활용

–

칸막이를 구매하거나, 작은 상자를 재활용해서 한눈에 보이도록 서랍 속을 정리할 수 있다.

세로로 수건 접기

–

일반적인 수건 접기(가로 접기)보다 날씬하게 접을 수 있는 수건 접기 방법이다.

먼저 수건을 세로로 반 접어준다. 그 다음, 2/3 지점까지만 올려 접어준다. 윗부분

도 접고, 다시 반 접으면 완성이다.

## 호텔식 수건 접기

—

수건을 펼친 후 왼쪽 면을 세모로 한 번 접어준다. 가로로 반을 접고 올려 뒤집어
준다. 오른쪽 부분을 접어주는데, 삼각형 부분까지 완전히 접지 말고 1~2cm 정도
간격을 둔다. 돌돌 말아주다가 마지막에 남은 부분은 수건 사이로 쏙 넣어준다.
일반적인 수건 개는 방법보다 깔끔하고 수납도 많이 된다는 장점이 있다.

*Tip.*

갠 수건을 깔끔하게 넣으려면 북엔드를 활용하면 된다. 수건이 와르르 쏟아질 염
려가 없다. 호텔식으로 접은 수건은 일렬로 세워서 보관하거나 바구니에 넣어서
보관한다.

소프트 행거탭과 S자 고리는 방 이곳저곳 수납을 할 때 응용할 수 있다. 고무장갑, 샤워볼을 걸어 놓는 용도, 충전기나 콘센트, 칫솔 등을 고정하는 용도로 사용할 수 있다.

# [어지러운 전선 정리하기]

## 바닥을 가로지르는 전선

—

침대 옆에 둔 스탠드의 전선이 영 거슬린다. 장판과 맞는 색의 전선 보호대를 사서 바닥에 부착한 후, 전선을 끼우고 뚜껑을 덮어준다.

## 전선이 너무 많은 경우

—

컴퓨터 책상 쪽 공유기, 랜선, 스탠드 등 전선이 너무 많은 경우에는 가지런히 묶어 줘야 한다, 양면 벨크로 테이프나 케이블타이를 이용한다. 길이가 긴 전선은 단독으로 깔끔하게 정리해서 묶어주고, 나머지 흩어진 전선들도 가지런히 모아서 묶어준다.

STEP 1. 버리기

–

a. 일단 내용물을 다 꺼내서, 오래된 음식물은 바로바로 버린다.

STEP 2. 밀폐 용기 활용하기

–

b. 마른반찬이나 남은 버섯 같은 식재료들은 밀폐 용기에 넣고, 바구니에 세로로 쏙

쏙 넣으면 찾기가 쉽다. 국물 있는 반찬의 경우 샐 수 있으므로 세워 넣지 않는다.

c. 장아찌나 소스들, 버터나 치즈도 바구니에 넣어서 정리해준다.

## STEP 3. 쟁반 활용하기

―

d. 작은 반찬 등은 쟁반 위에 올려서 그대로 냉장고에 넣어두면, 쟁반을 빼서 내용물을 한 번에 확인할 수 있다.

## STEP 4. 페트병 활용하기

―

e. 소스나 가루류들은 페트병에 넣어서 정리한다.

# 3

## 정리의 시작과 끝, 버리기

아무리 열심히 정리해 봐도 도무지 깨끗해지지 않는다면, 정리법으로도 도저히 정리를 할 수 없는 상태라면, 짐이 너무 많은 것이 문제다. 그런데 막상 버리려고 보니 다 언젠간 쓸모 있어 보인다. 이것이 버리기의 가장 큰 함정이다. '언젠간 쓸모 있어 보이지만 사실 쓸데없는 것'들을 찾아서 버려 보자. 집안 곳곳의 쓸데없는 짐만 잘 버려도 삶의 질이 높아진다.

안 읽는 책, 다 푼 문제집,
안 보는 전공책

-

앞으로 볼 것 같지만, 안 볼 것이다.

안 쓰는 쿠폰,
기한 지난 쿠폰

도장 하나만 찍어놓고 안 쓰는 쿠폰들
이나 사용기한 지난 할인쿠폰들은 정
리한다.

안 입는 옷

-

지난 일 년 동안 한 번도 입지 않은 옷
들은 버리자.

안 나오는 펜

-

서랍 속 볼펜들을 테스트해서 나오지
않는 것들은 버린다.

안 쓰는 화장품

-

특히 틴트나 마스카라는 유통기한도
짧은 편이므로, 쓰지 않는다면 버린다.

### 오래된 샘플지
-

언제 받았는지도 가물가물할 만큼 오래된 샘플은 과감히 처분하는 게 좋다.

### 유통기한 지난 음식
-

냉장고가 꽉 차 있으면 효율도 떨어진다. 냉장고를 뒤져 오래된 음식들을 버리자.

### 각종 포장지, 상자
-

예뻐서 왠지 버리기 아깝고 어딘가 쓸모도 있을 것 같지만, 지금까지 쓸모가 없었다면 앞으로도 없을 것이다.

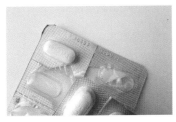

### 오래된 약
-

유통기한이 지난 약은 모아서 약국 수거함에 버리자.

### 한 장도 안 쓴 다이어리,
### 작년 달력
-

한 장도 쓰지 않은 채 1년, 2년이 지난 다이어리들, 지난 달력들은 이제 쓸모가 없으므로 버리자.

싱글족의  난감한  순간들

- **아침 기상**: 알람 다섯 개, 여섯 개를 맞춰도 기상이 쉽지가 않다. 집에 사람이라도 있으면 눈치가 보여서라도 일어나는데, 자신에게는 한없이 너그러워지다 보니 매일 아침 십 분만 더, 의 열 번 반복이다.

- **불쑥불쑥 찾아오는 방문의 시간**: 분명 독립하기 전에는 매일같이 친구들을 불러 홈 파티하는 상상을 했다. 그러나 막상 살아보니 방 정리가 안 돼서 손님 맞이하기 민망한 날이 태반이다.

- **옵션 가전 고장 났을 때**: 세탁기가 작동하지 않고 환풍기에서 이상한 소리가 나고. 무언가 고장이 나면 혹시 내가 잘못해서 이렇게 된 건가 하는 생각에 한없이 마음이 쪼그러든다. 나중에 안 사실이지만 노후화로 인한 옵션 가전의 고장은 집주인이 수리해 줄 의무가 있으니 너무 마음 졸이지는 않아도 된다.

- **너무나도 가까운 옆집**: 방음이 잘 안 되는 건물에서 살게 되면, 옆집과 동거 아닌 동거를 하게 된다. 오늘 옆집에 친구가 몇 명이나 놀러 왔는지, 어느 치킨집에서 배달을 왔는지, 오늘 예능은 뭘 보고 있는지를 속속 알게 된다. 이런 강제적인 생활 공유도 좀 난감하지만, 가장 난감한 순간은 욕실에서 마주하게 되었다. 놀랍게도, 몇 번 이사를 하는 동안 어김없이 내 옆집 남자는 항상 샤워할 때 노래를 부른다는 것! 듣다 보면 화음이라도 넣어 줘야 하나, 점수라도 매겨 줘야 하나 하는 생각이 든다.

- **택배 기사님의 방문**: 남들은 손꼽아 기다리는 택배 아저씨의 방문도 때론 식은땀 나는 일이 된다. 처음 살았던 집은 주변에 택배를 맡아줄 만한 마땅한 가게가 없었다. 집 근처 피자집에서 택배를 맡아주시곤 했는데, 문제는 이 집이 영업을 쉬는 날도 잦았던 것. 택배 아저씨는 종종 집 현관 앞에 택배를 두고 가셨는데, 그럴 때면 괜히 혼자 택배를 잃어버리는 상상을 하곤 했다.

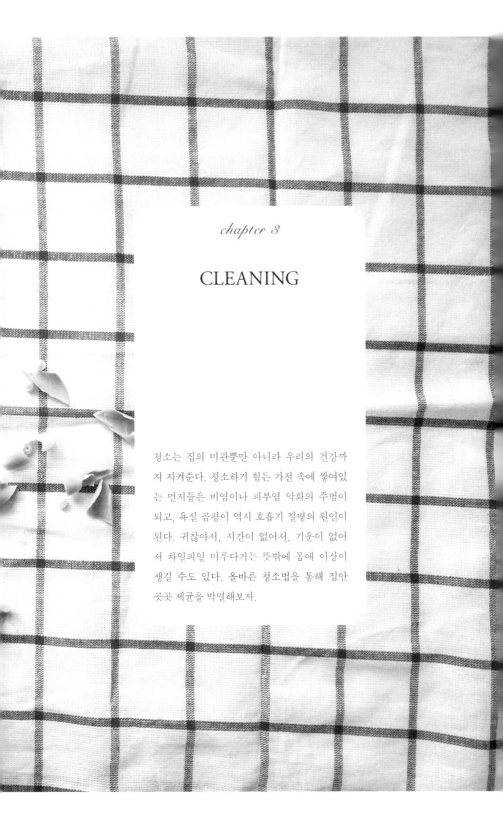

*chapter 3*

# CLEANING

청소는 집의 미관뿐만 아니라 우리의 건강까
지 지켜준다. 청소하기 힘든 가전 속에 쌓여있
는 먼지들은 비염이나 피부염 악화의 주범이
되고, 욕실 곰팡이 역시 호흡기 질병의 원인이
된다. 귀찮아서, 시간이 없어서, 기운이 없어
서 차일피일 미루다가는 뜻밖에 몸에 이상이
생길 수도 있다. 올바른 청소법을 통해 집안
곳곳 세균을 박멸해보자.

# 1

## 청소의 기본

### 청소의 원칙 : 청소 날을 정하자

청소가 일과가 되어야 한다. 중학교 때를 떠올려 보면, 청소에는 항상 규칙이 있었다는 걸 알 수 있다. 매일 아침이면 주번이 돌아가며 칠판을 닦았고, 종례시간이면 기름칠을 해서 교실 바닥을 닦았고, 화장실 당번은 매일 화장실을 물걸레로 닦았다. 그러다 한 달에 한 번 대청소 날이면 전교생이 모여 구석구석 먼지 틈까지 박멸하곤 했다.

혼자 사는 집이니 매일 종례 시간까지는 아니더라도, 적어도 매주 N요일 저녁 시간 정도는 정해 둘 필요가 있다. 일하다 보면 피곤하고 또 사람 마음이란 참으로 간사해서, '타일은 물때 끼면 닦고 휴지통은 꽉 차면 버리자!'고 생각했다가는, '아, 이 정도는 아직 물때가 아닌데? 아, 휴지통 좀 꾹

꾹 눌러 쓰지 뭐' 하며 끝없이 미루기 일쑤다.

　나 같은 경우엔 일요일 오후가 그때다. 너무 늦은 오후는 말고, 대략 늦은 점심을 먹은 4시경이 적당하다. 평일은 정신이 없고, 금요일 밤은 놀아야 하고, 토요일 밤은 쓰레기 수거를 안 하기 때문이다. 이럴 때 쓰레기를 내놓으면 최소 주인 아주머니의 잔소리, 최대 구청의 벌금이다.

### 꼭 필요한 세제들

　마트 이곳저곳을 기웃거리다 보면 세상엔 별 세제가 많다는 걸 알게 된다. 하수구용, 배수구용, 싱크대용, 타일용, 세면대용 등. 그런데 자세히 살펴보면, 용도에 따라 용기나 성분 일부만 바뀌었을 뿐, 주된 성분은 비슷하다는 걸 알 수 있다. 원룸에는 다음과 같은 세제만 있어도 구석구석을 청소할 수 있다.

---

• **락스**: 염소 성분으로 곰팡이를 제거하는 데 가장 효과적이다. 그러나 매우 독하

므로 맨손으로 만져서는 안 되고, 접촉 시 각막이나 호흡기에 상처를 입을 수 있으므로 주의해야 한다. 환기를 할 수 없을 때는 사용해서는 안 된다.

- **베이킹소다:** 약알칼리 성분으로 각종 기름때와 악취를 제거하는 데 효과적이다.
- **과탄산소다:** 강알칼리 성분으로 묵은 때를 지우고 옷감을 표백하는 데에 효과적이다. 맨손으로 만지지 않도록 주의한다.
- **구연산과 식초:** 산성 성분으로, 세균의 수를 줄이는 정균작용을 한다.

## 다양한 청소도구 일람

- **빗자루, 롤러:** 방안에 굴러다니는 머리카락이나 먼지를 제거할 수 있다.
- **정전기포:** 정전기를 일으키는 재질이어서 작은 먼지들까지 싹 흡착시킨다.
- **걸레나 물티슈:** 걸레질을 해 주어야 바닥이 끈적거리지 않는다.
- **알콜솜:** 가전 등의 묵은 때를 벗길 때 효과적이다. 손톱깎이, 귀이개, 족집게, 스마트폰, 마우스 등 손때 묻은 물건들도 알콜솜으로 닦아주면 쉽게 소독할 수 있다.

# PLUS : 분리수거 원칙

쓰레기 문제로 벌금을 무는 경우가 종종 있으니 주의를 기울이자.

—

1. 쓰레기는 무조건 쓰레기 종량제 봉투에 버려야 한다.

2. 일반쓰레기와 음식물쓰레기는 분리해서 버려야 한다. 이때, 딱딱한 껍데기, 나 알 껍데기, 동물 뼈는 일반쓰레기이니 주의하자.

3. 종이, 플라스틱, 캔은 분리수거를 해야 한다. 이때, 과자 프링글스 통처럼 종이와 캔이 붙어 있어 분리할 수 없는 경우에는 일반쓰레기로 버린다.

4. 쓰레기를 버리는 시간은 일몰 이후! 빨간날은 쓰레기를 수거하지 않는다.

5. 가구 등 대형 폐기물을 버릴 경우, 주민 센터에서 스티커를 발급받아 붙여야 한다. 직접 주민 센터에 가지 않고 인터넷으로 결제한 후, 수기로 번호를 적어서 붙여도 된다. 미리 내놓으면 스티커만 떼어가는 사람도 종종 있다. 수거시간도 정할 수 있으니, 미리 내놓지 말고 지정된 시간, 지정된 장소에 내놓도록 하자.

6. 선풍기, 믹서, 다리미, 토스터, 프린터 등 소형폐가전은 대부분의 지자체가 무료로 수거하고 있으므로 버리기 전 구청에 문의해보자.

*Tip.*

음식물쓰레기 기준이나, 쓰레기 수거 시간은 각 구마다 조금씩 다르므로 구청 홈페이지를 체크해 보면 정확하다.

# 2

## 실전 청소법

청소는 내가 하는 게 아니라 청소기가 하는 것이라 믿었다. 그건 아주 순진한 착각이었다. 집에는 바닥뿐만 아니라 창틀도, 욕실도, 부엌도, 각종 가전도 있으며, 집 안에 존재하는 모든 것은 청소를 필요로 했다. 심지어 청소하려고 산 청소기조차 청소를 해 줘야 한다니! 큰 힘 들이지 않고 집 안과 가전을 깨끗하게 해줄 수 있는 간단한 청소법을 알아보자.

# [먼지 없애는 깔끔한 청소법]

## 현관 청소

―

현관을 청소할 때 평소 쓰는 빗자루와 쓰레받기를 그냥 사용하면 먼지가 사방에 다 날릴뿐만 아니라, 방 안에 쓰는 빗자루를 현관에 쓰기도 찝찝하다.

a. 헌 스타킹이나 양파망을 준비해서 알맞은 크기로 잘라준다. 빗자루에 끼우면 현관용 일회용 빗자루가 완성된다. 분무기로 물을 살짝 뿌려서 쓸어주면 먼지가 공기 중에 날리지 않고 잘 붙게 된다.

b. 전체적으로 쓸어준 후 스타킹은 빼서 버리면 된다. 물티슈나 걸레를 이용해 마지막으로 한번 닦아준다.

혹시 비나 눈이 와서 구정물로 현관이 더러워졌다면? 신문지를 잘게 잘라준 후 더러워진 현관에 자른 신문지를 뿌리고, 신문지를 걸레처럼 이용해 바닥을 닦아준다.

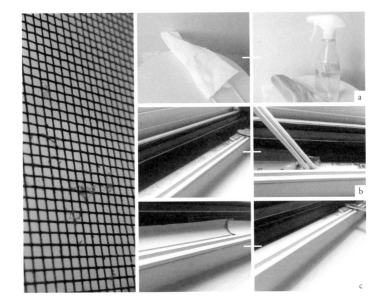

### 창틀, 방충망 청소

—

미세먼지가 심할 때 반드시 해야 하는 작업이다.

a. 준비물은 옷걸이, 키친타올, 스타킹이다. 옷걸이를 길게 늘여서 키친타올을 몇
   장 감아준다. 이 위에 스타킹을 씌우고 물을 충분히 뿌려준다. 이걸로 방충망
   을 살짝만 닦아도 큰 먼지들이 묻어나온다. 남은 먼지들은 물티슈나 걸레로 닦
   아서 마무리하면 방충망 청소 끝!

b. 다음으로는 창틀을 청소할 차례. 준비물은 나무젓가락과 신문지이다. 창틀에
   분무기로 물을 충분히 뿌려주고, 그 위에 신문지를 찢어서 올려준다.

c. 10분 후 신문지가 마르면 나무젓가락으로 신문지를 밀면서 닦아준다. 먼지들
   이 신문지에 다 달라붙어서 금세 깨끗해진다.

*Tip.*

비가 오는 날 방충망, 창틀 청소를 하면 물을 덜 뿌려도 잘 닦이기 때문에 청소하
기가 쉽다.

# [ 욕실 청소법 ]

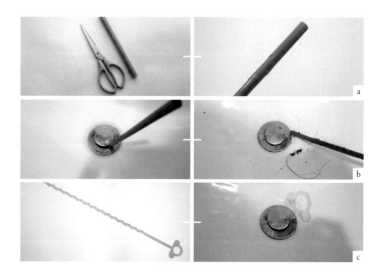

## 꽉 막힌 세면대 청소

—

세면대에서 머리를 감은 것도 아닌데, 이 많은 머리카락은 어디서 온 걸까? 머리
카락으로 꽉 막힌 세면대 때문에 물 내려가기를 한참 기다려야 한다면 지금이 바
로 세면대를 뚫어야 할 때다.

a. 준비물은 테이크아웃 빨대. 빨대에 표시된 사선으로 가위집을 내주었다. 너무
   깊이 자르면 빨대가 끊어질 수 있으므로 주의해야 한다.

b. 이제 빨대를 세면대에 끼우고, 위아래로 살살 흔들어 주기만 하면 머리카락과
   비누 때 덩어리들이 빠져나오는 모습을 볼 수 있다. 여러 군데 돌려가며 시도
   하다 보면 큰 덩어리들이 여러 개 나오는 모습을 볼 수 있다.

*Tip.*

c. 세면대에 배수구 필터를 미리 끼워 두고 쓰다가, 세면대가 막혔을 때 필터를 빼
   기만 하면 이물질이 딸려 나오므로 관리가 쉽다.

## 미끄러운 욕실 바닥 청소

—

미끄러워진 욕실 바닥에 서 있으면, 가끔 생명의 위협까지 느껴진다. 이렇게 미끄러운 욕실 바닥은 비누 물때가 큰 원인이다. 그러니, 비누나 샴푸 등으로 바닥을 닦아서는 아무 소득이 없다.

a. 먼저 바닥에 베이킹소다와 물을 뿌리고, 큰 솔로 구석구석 닦아준다. 이후에 식초를 한 번 뿌리고 다시 솔로 닦아주면 뽀득뽀득한 바닥이 된다.

b. 자꾸 미끄러지는 원인은 바닥뿐만 아니라 슬리퍼에도 있다. 슬리퍼 바닥의 물때와 곰팡이들을 작은 솔로 잘 닦아주어야 한다.

c. 마무리로 미끄럼 방지 스티커를 붙여주거나, 미끄럼 방지 매트를 깔아주자.

*Tip.*

평소 샤워 이후, 샤워기 수압을 최대로 올려서 바닥 구석까지 물로 헹구는 습관을 들여 두자. 매일 20초만 투자해도 욕실 바닥의 물때를 예방할 수 있다.

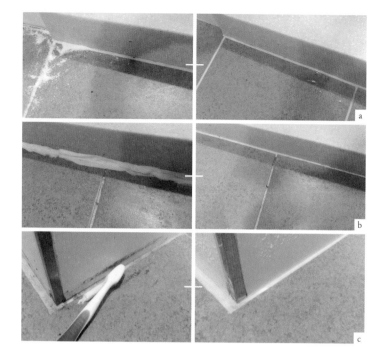

## 욕실 타일 줄눈 청소법 세 가지

—

욕실 타일 줄눈에 낀 곰팡이들을 청소해 보자.

a. **과탄산소다**: 과탄산소다를 바닥에 뿌려준 후 뜨거운 물을 뿌려준다. 따로 문지르지 않아도 곰팡이가 깨끗하게 제거된다. 과탄산소다는 맨손으로 만지지 않도록 주의한다.

b. **락스**: 휴지를 락스에 적셔서 타일 사이에 붙여두고 하루 뒤 제거한다. 가장 확실한 곰팡이 박멸법이지만 락스는 독성이 있으므로 사용 전 주의사항을 꼼꼼히 읽고, 사용 후에는 환기를 충분히 시켜야 한다.

c. **치약**: 바닥에 치약을 짜서 솔로 쓱쓱 닦아준다. 힘은 좀 들지만, 치약의 계면활성제 성분이 욕실 물때와 곰팡이를 깨끗하게 닦아준다.

## 배수구 청소

—

왠지 배수구로 물도 잘 안 내려가는 것 같고, 냄새도 나는 것 같다. 그렇다면 배수구 안쪽이 각종 이물질로 꽉 막혀 있을 가능성이 있다.

a. 먼저 배수구 덮개는 살짝 힘을 주어 들어 올려 열어준다. 위 더러운 물때들을 훑어낸 이후, 동그란 중간 부분 거름망을 꺼내준다. 거름망에 붙은 머리카락들을 떼어 내고, 밑에 있는 배수구 물통도 꺼내면 총 네 개의 부품으로 분해된다.

b. 여기에 과탄산소다와 온수를 뿌려서 솔로 구석구석 닦아준다. 물통 – 거름망 순서로 다시 끼워주면, 배수도 잘 되고 냄새도 안 나는 배수구가 된다.

## 밥솥 청소

—

a. 먼저 추 부분을 돌려서 분리해준다. 안쪽 때를 보면 이런 밥솥에 밥을 해 먹었다니, 하고 자괴감이 든다.

b. 분리한 추는 베이킹소다나 주방세제를 이용하여 깨끗이 씻어 준다. 면봉을 이용하면 구석구석 닦을 수 있다.

c. 밥솥 밑에 보면 작은 쇠막대가 붙어있는 것을 볼 수 있다. 이 막대는 이렇게 증기가 나오는 부분을 뚫어주는 데에 사용된다. 이곳이 막히면 밥솥이 폭발할 수도 있으므로 자주 뚫어 줘야 한다.

d. 물받이 통에 굵은소금과 물을 넣고 흔들어서 닦아주고, 밥솥 안쪽, 겉면 부분도 부드러운 수세미로 깨끗이 닦는다.

*Tip.*
내솥에 식초를 넣고 한 번 취사시켜주면 밥솥 안쪽도 살균이 된다.

—

a. **세탁기통**: 과탄산소다 한 컵과 수건 하나를 넣고 60도 이상의 온수 혹은 삶음 코스로 돌려준다. 과탄산소다가 세탁조를 소독해 주고, 수건이 통 안을 더 깨끗이 닦아준다.

b. **고무패킹**: 고무패킹 사이에는 각종 먼지와 머리카락이 쌓여 있다. 칫솔을 이용하여 틈을 닦아준다.

c. **세제통**: 안쪽의 하늘색 부분을 살짝 누르면 세제통이 분리된다. 세제통뿐만 아니라, 세제통이 빠진 안쪽도 꼼꼼하게 닦아준다.

d. **배수호스와 배수필터**: 세탁기 하단을 보면 작은 문이 있다. 열어보면 왼쪽은 배수호스가 있고, 오른쪽은 찌꺼기를 거르는 배수필터가 있다. 반드시 왼쪽 배수호스부터 열어서 더러운 물을 빼 주자. 세탁기 청소를 하지 않으면 빨래에서 좋지 않은 냄새가 나는 이유가 이 호스 속에 있다. 호스 뚜껑을 열자마자 물이 흘러 넘치기 때문에 페트병 등 물받이 통을 먼저 준비해두어야 한다. 여기서 꼭 물을 끝까지 남김없이 빼야 오른쪽 배수필터를 분리할 때 물이 넘치지 않는다. 그다음으로 배수필터를 빼서 솔로 깨끗이 닦아준다.

전자레인지 청소

—

a. 귤껍질과 베이킹소다 물 한 컵을 전자레인지에 돌려준다. 귤껍질은 전자레인
지 잡내를 잡아주는 역할을 한다.

b. 물이 기화되어 내부에 수증기가 맺히고, 닦기 쉬운 상태가 되었다. 걸레로 내
부 구석구석을 닦아준다.

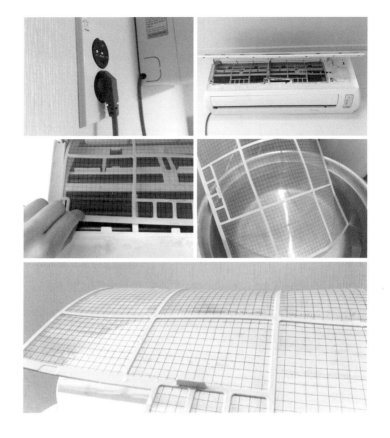

에어컨 청소 : 필터

—

일단 코드를 뽑는다. 에어컨 커버는 손으로 쉽게 열 수 있다. 커버 안쪽의 필터 역시 아랫부분을 잡아당기면 쉽게 뺄 수 있다. 필터에는 그간 쌓인 먼지가 까맣게 붙어 있다. 물에 베이킹소다나 중성세제를 풀어서 손이나 칫솔로 살살 청소해 준다. 필터는 연약하기 때문에 세게 문지르면 안 된다. 햇빛에 말리는 것도 필터 변형을 유발할 수 있으므로 그늘에 말려준다.

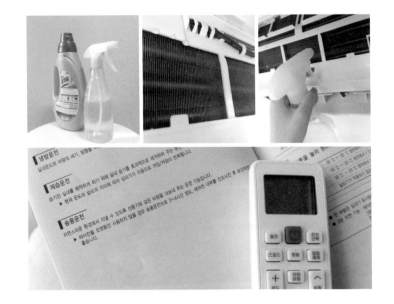

에어컨 청소 : 냉각기 & 건조

—

분무기에 물과 베이킹소다 두 스푼을 타서 준비한다. 따뜻한 물에 과탄산소다 반
스푼을 타거나, 물에 중성세제 한 스푼을 타서 준비해도 된다. 구석구석 칙칙 뿌
려서 하얗게 낀 먼지와 곰팡이 때가 씻겨 내려가게 한다. 뿌린 물들은 냉각기와
연결된 호스로 배출된다. 더러움이 심할 경우 부드러운 브러쉬나 칫솔로 살살 쓸
어줘도 된다. 냉각기 알루미늄판은 날카로우므로 손으로 만지지 않도록 주의하
면서 쓸어준다. 너무 세게 닦으면 알루미늄판이 휠 수도 있으니 주의한다. 이제
깨끗한 물을 다시 전체적으로 3~5번 정도 뿌려 남은 세제가 씻겨 내려가게 하면
깨끗해진다. 물기 없이 잘 말린 이후, 깨끗한 필터를 다시 장착해 준다.

마지막으로, 송풍으로 30분 정도 돌려서 에어컨 내부를 건조해 준다. 평소에도 에
어컨 사용 후 20분 정도 송풍을 작동해 습기를 빼 주면 냄새, 곰팡이를 예방할 수
있다. 이렇게 필터, 냉각기 청소만 잘 해줘도 나중에 크게 분해 청소할 필요 없이
깨끗하게 유지할 수 있다.

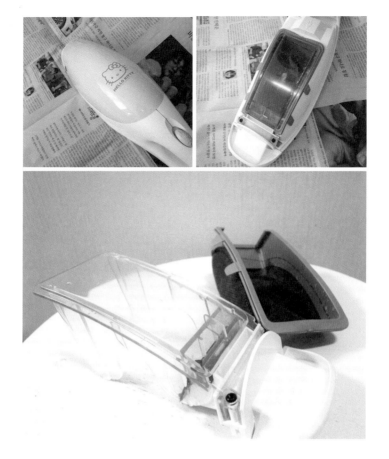

### 핸디청소기 청소

—

먼지가 날릴 수 있으니 바닥에 신문지를 깔고 청소기 필터를 분해한다. 필터 속 먼지를 비운 후, 청소기 헤드도 분리하여 흐르는 물에 깨끗하게 씻어준다.

청소기 내, 외 부분도 꼼꼼히 닦아준다. 깨끗한 필티 유지를 위해, 필터 안쪽에 휴지를 한 장 깔아준다. 다음부터 필터를 비울 때는 필터에 먼지가 달라붙지 않고 휴지와 함께 잘 떨어지게 된다.

자취생의 흔한 명절이야기

정말 몰랐다. 광주에서 태어나 할머니 집도 친척 집도 옆 동네였던 내게, 명절 차량정체란 그냥 반복되는 뉴스 배경화면 같은 것이었다. 의식할 이유가 없었다. 독립하고 처음 맞이하던 명절, 열차 예매를 위해 미적미적 일어나 노트북을 켰다. "현재 205,943명이 접속 대기 중입니다." 그제야 알게 되었다. 서울에 이렇게 많은 사람이 사는구나….

대국민 수강신청이라는 말은 절대 과장이 아니다. 대학 때도 수강신청 무능력자였던 나 같은 사람은 지금까지 단 한 번도 티켓을 제때 끊은 적이 없다. 그러나 티켓을 운 좋게 구한다고 해도 능사가 아니다. 명절 귀성길은 버스를 타도 기차를 타도 참 다사다난하다. 급히 증차하느라 길을 모르는 버스 기사님이 있는가 하면, 신호등도 없는 시골길을 굽이굽이 타고 그 누구보다 빠르게 목적지에 도착하는 기사님도 있다. 기차 타고 가는 명절의 고향이라니, 매점도 있고 화장실도 있다니, 무언가 낭만적이고 편할 것 같은 느낌도 완전히 착각이다. 일단 기차에 오르면 그곳은 입석 승객들로 발 디딜 곳 없이 꽉 차 있다. 평화로운 귀성길보단 좀 피난 열차 느낌⋯. 매점이고 화장실이고 한번 자리에서 일어나려면 큰 각오를 해야 한다.

이렇게 힘든 과정을 거쳐 집에 도착하면 그때부터 연휴의 시작이다. 늘어선 빨간 숫자가 마냥 두근거렸던 어린 시절과는 달리 시끌벅적한 귀성길이니 이른 추석 인사니 하는 것들이 일견 과제처럼 느껴진다. 그렇지만 앞으로 3일이나 더 시간이 있으니 일단 할 일은 뒤로 미뤄놓고 침대와 한 몸이 된다. 가끔 전 부치기며 송편 빚기를 거들며 게으름을 피우다 보면 순식간에 연휴도 끝물에 접어든다. 이쯤 되면 슬슬 어딘가 불편한 기분이 든다. 사람 많은 집도 영 적응이 되질 않고, 본가의 내 방은 이미 용도가 바뀌어 버린 지 오래다. 그냥 조용히 혼자 있고 싶다는 기분도 든다. 아, 집에 가고 싶다. 혼자 중얼거렸다가 깜짝 놀란다. 자취방에 있으면 본가가 집 같고, 본가에 있으면 자취방이 집 같다. 여기지기 떠도는 유목민이 된 기분이 든다.

아무튼, 어김없이 시간은 흐르고 정신을 차리고 보면 엄마가 싸준 전과 반찬들을 잔뜩 들고 터미널 앞에 서 있다. 그제야 도둑처럼 소리 없이 왔다 가버린 연휴의 시간들이 아까워진다. 이제 스무 살처럼 눈물이 찔끔 나지는 않지만, 그래도 돌아가는 발걸음은 못내 아쉽다. 지하철을 타면 저마다 조금씩 피곤하고 아쉬운 표정들이다. 일상으로 돌아왔구나. 실감이 나면 다급히 미뤄둔 일들을 꺼내 끄적이다가 잠에 든다.

때로는 본가에 내려가지 못하는 상황도 생긴다. 본가에서 보내면 세상에서 가장 짧은 4일이 되는 명절 연휴가, 혼자 보내면 우주에서 제일 긴 4일이 된다. 특히 명절 당일에는 사람도 없고 친구들도 없고 배달 주문도 잘 안 되고 좀 절망스럽다. 그래도 북적이던 도시의 텅 빈 얼굴, 그리고 이 도시의 미술관이나 영화관은 정말 색다른 기분이다. 한적한 번화가를 여유 있게 걷는 것도, 집에서 혼자 밀린 드라마를 보며 누구보다 게을러지는 기분도 나쁘지 않다.

어디서 누구와 보내든, 명절은 지루하게 이어지는 일상 속 나름대로 재밌는 이벤트다. 퀘스트처럼 부담스럽게 느껴지다가도 손꼽아 기다려진다. 비록 다음 명절에도 열차 예매는 실패할 것 같지만 말이다.

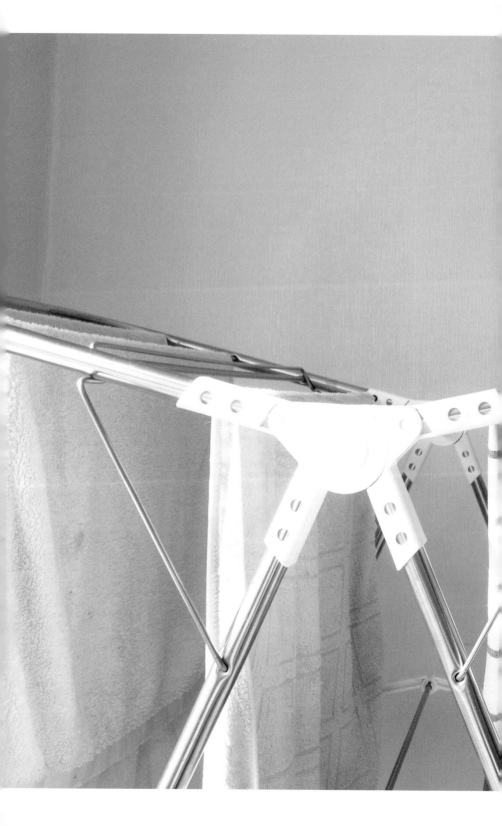

*chapter 4*

# WASHING

옷에는 그 사람의 성향이 녹아 있다. 얼룩 없이 깨끗하고 구김 없는 옷을 보면 저 사람은 집안일에 조금 신경을 쓰는구나, 생각하게 된다. 다행히도 세탁 규칙만 잘 지킨다면 믿음직스럽게 작동해주는 세탁기 덕에 빨래는 청소나 설거지보다 비교적 수월한 집안일이다. 그러니 가끔 만나게 되는 난감한 빨랫감들에만 조금 신경을 써 주자.

빨
래
의

기
본

## 기본 세탁 규칙

### 1. 세탁기 종류에 맞는 세제 사용

—

세제의 용도를 존중하자. 전자동세탁기와 드럼세탁기는 세탁 원리가 다르기 때문에 세제도 그에 맞춰서 사용해야 한다.

### 2. 세제 적정량 사용

—

왠지 세제 조금 넣으면 빨래가 잘 안 될 것 같고, 더러운 옷 빨 때는 세제를 많이 넣으면 빨래가 깨끗하게 될 것 같은 느낌이 든다. 하지만 세제를

적정량 이상 넣을 경우 거품이 과다하게 나서 오히려 빨래가 잘 안 된다. 세제가 제대로 헹궈지지도 않아 옷감에도 안 좋고, 세탁기의 노후화도 촉진한다고 하니 설명서에 써진 정량만큼 사용하는 게 좋다. 정량은 정말 생각보다 아주 적은 양이다.

### 3. 적정 세탁 양 지키기

—

세탁기에 빨래를 꽉 채워서 돌리면 세탁력이 크게 떨어진다. 특히 드럼 세탁기의 경우 세탁기의 1/3 정도로 세탁 양을 꼭 지켜주는 것이 좋다.

### 4. 세탁기 건조하기

—

습기가 가득 찬 세탁기 내부에는 곰팡이가 피기 쉽다. 세탁 후에는 세탁기 뚜껑, 세제함 뚜껑을 모두 열어 놓는 습관을 들이자.

### 5. 세탁기 청소하기

—

세탁기 청소를 하지 않으면 빨래를 먼지와 함께 돌리는 것과 다를 바 없다. 그러니 정기적으로 세탁기 청소를 해야 한다.(청소법은 p.97 참고.)

### 6. 세탁 규칙 정하기

—

빨랫감은 흰옷, 어두운 옷, 속옷, 수건, 울코스용 옷 정도로 나눌 수 있다. 각자 모이는 빨랫감 양도 다르고 여기에는 정해진 답도 없으므로, 나름대로 규칙을 정해보자. 예를 들면 나는 울코스용 옷은 꼭 분리해서 빨래하고, 속옷과 수건은 같이 빨래한다. 색깔이 있는 옷과 이염 위험이 있는 옷은 따로 빨래한다.

## 기본 빨래 용품

- **세제**: 드럼세탁기용, 전자동세탁기용, 가루세제, 액체세제, 캡슐세제, 시트세제 등 다양한 종류가 있다. 캡슐세제나 시트세제 경우 언뜻 편해 보이지만, 싱글족들은 빨래를 아주 소량만 돌리는 경우가 많으므로 캡슐 하나에 포함된 세제 양이 지나치게 많을 수도 있다.
- **섬유유연제**: 빨래를 부드럽게 해 주고, 정전기를 예방하며, 좋은 향기도 나게 해 준다. 다만 환경호르몬에 대한 논란이 계속되고 있으므로 주의가 필요하다.
- **세탁망**: 빨래가 엉키는 것을 방지하고, 약한 옷감이 상하는 것을 방지해 준다. 특히 속옷의 경우 세탁망을 사용하면 형태변형을 막을 수 있으므로, 손빨래가 귀찮은 싱글족들에게는 필수 아이템.
- **빨래바구니**: 통풍이 되도록 구멍이 있는 바구니나, 천 소재로 만들어진 바구니를 사용하는 것이 좋다. 꽉 막힌 고무 빨래바구니의 경우 곰팡이가 생길 위험이 높다.

# 2

## 실전 빨래법

얼룩은 비누가 다 지워 주는 건 줄 알았는데, 어떤 얼룩은 비누 때문에 이제 평생 지우지를 못한단다. 애초에 세탁기에 돌릴 엄두조차 나지 않는 이불, 베개, 러그들은 먼지와 집먼지진드기의 서식처가 되어간다. 약한 옷 감들은 잘못 손빨래했다가 훅 줄어버릴까 무섭다. 그렇다고 매번 세탁소를 갈 수도 없는 노릇! 문제적 빨래들을 하나씩 해결해보자.

# [문제적 빨래들]

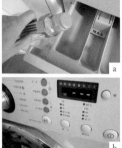

## CASE 1. 냄새 나는 빨래

–

빨래를 잘못 말렸을 경우 꿉꿉한 걸레 냄새가 나곤 한다. 수건의 경우, 젖은 채로 빨래바구니에 구겨 넣게 되면 마르면서 이상한 냄새가 나게 된다. 수건을 쓰고 난 후에는 건조대나 옷걸이 등에 걸어서 어느 정도 말린 후 빨래통에 넣는 것이 냄새를 예방하는 방법이다.

---

a. **식초**: 환기가 잘 안 되는 방이나 햇볕이 잘 들지 않는 방에서는 빨래 자체가 더디게 마르면서 냄새가 나기도 한다. 이런 환경에서 살고 있다면 빨래 시 실내건조용 세제를 사용하거나 섬유유연제 칸에 식초를 넣어주면 빨리 마른다.

b. **삶음**: 이미 냄새가 나기 시작했다면, 그냥 빨아서는 절대 냄새가 완벽히 제거되지 않는다. 헹굼 할 때 식초를 넣고 빨래를 돌려주면 어느 정도 냄새가 제거되지만, 그래도 사라지지 않는 냄새가 있다면 빨래를 삶아야 한다. 특히 수건은 세균이 번식하기 쉬우므로 살균 효과와 냄새 제거를 위해 가끔 삶아주는 것이 좋다. 세탁기를 60도 이상의 뜨거운 물로 맞춰놓고 빨래를 히면 삶음 효과가 난다. 삶음 시 옷이 상할 수 있으니 수건이나 면 소재의 옷만 삶아야 하고, 색깔 있는 옷은 색이 빠질 수 있으므로 주의한다.

CASE 2. 땀으로 변색한 흰옷 빨기

–

베개나 땀에 젖은 셔츠는 변색하기도 쉽다. 이럴 때 약국에서 구매할 수 있는 과
산화수소만 있으면 하얀 빨래를 할 수 있다. 과산화수소와 소량의 세제를 따뜻한
물에 넣고, 변색한 셔츠를 20분 정도 담가준다. 꺼낸 이후 세탁기에 한 번 돌려준
다. 세숫대야 크기에 과산화수소 20ml 정도면 적당하다. 땀뿐만 아니라 데오드란
트 사용으로 인한 변색도 깨끗하게 지워진다. 과산화수소는 락스와 달리 찌든 때
만 쏙쏙 빼주기 때문에 색깔 옷에도 사용 가능하다는 장점이 있다.

*Tip.*
흰옷 빨래를 할 때 세제칸에 소금을 한 스푼 넣어주면 표백효과를 볼 수 있다.

## CASE 3. 극세사 이불 빨래

—

따뜻하지만 도저히 세탁 엄두가 나질 않는 극세사 이불을 세탁해보자.

먼저 김장비닐 특대 사이즈를 준비한다. 이불과 액체세제를 비닐 안에 넣고, 이불을 적실 정도로 따뜻한 물을 뿌려준다. 비닐 속 공기를 최대한 뺀 후 입구를 묶고, 터지지 않도록 주의하면서 손으로 주무른다. 꺼낸 이불은 세탁기에 넣고 헹굼+탈수를 돌린다. 이때 섬유유연제는 모질을 손상하므로 대신 식초 한 스푼을 넣는다. 이후 탈수만 한 번 더 돌려준다.

솜이불의 경우 커버와 이불솜 분리가 가능한 이불을 사면 커버만 벗겨서 세탁하기 쉽다. 이불 빨래는 계절이 바뀔 때 한 번 정도는 해 주는 게 좋다.

CASE 4. 베개 빨래

—

베개 커버는 빨기 쉽지만, 베갯속은 빨래에 도전하기 꺼려진다. 잘못 빨았다간 베개 솜이 온통 뭉쳐서 못 쓰게 될 수도 있기 때문이다. 작은 팁만 있으면 누레지고 얼룩진 베갯속도 쉽게 세탁할 수 있다.

———

a. 준비물은 긴 리본 끈이나 운동화 끈. 색이 빠질 수 있으니 흰색을 사용한다. 양쪽을 사탕처럼 묶어준 후, 다시 세로로 한 번 묶어서 격자무늬를 만들어 준다.

b. 이대로 세탁기에 넣고 표준 코스로 돌린다. 탈수는 중 징도의 세기로 시켜 준다. 변색이 심할 경우, 과탄산소다 한 스푼을 뜨거운 물에 녹여 세제 칸에 세제와 함께 넣으면 표백 효과가 높아진다. 베갯속을 말릴 때는 솜이 처지지 않도록 꼭 평평하게 눕혀 말린다.

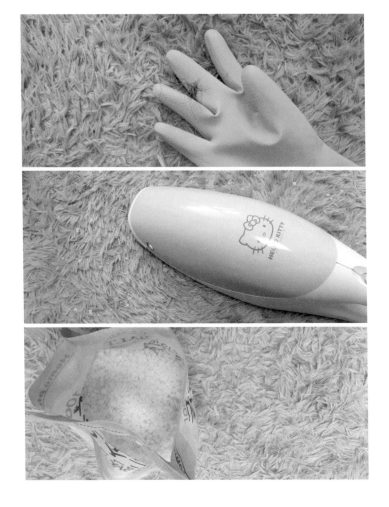

CASE 5. 러그 빨래

—

각종 이물질이 털 사이사이에 끼기 쉬운 러그는, 한 마디로 먼지 덩어리이다. 물
빨래가 불가능한 제품들도 많다. 이런 경우에는 고무장갑을 끼고 털 반대 방향으
로 쓸어주면 먼지들이 묻어나온다. 베이킹소다나 굵은소금을 러그에 골고루 뿌
려준 후 청소기로 빨아들여도 먼지를 제거할 수 있다.

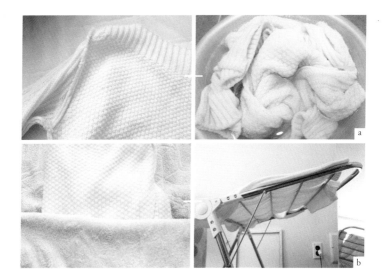

## CASE 6. 니트 손빨래

—

잘못 빨면 줄어들고, 늘어나고, 참 관리도 세탁도 힘든 니트. 그렇다고 전부 드라이클리닝을 맡기자니 가정경제가 영 걱정된다. 먼저, 세탁라벨을 확인하자. 천연소재 100%인 경우 손빨래보다 드라이클리닝을 맡기는 것이 안전하다. 뜨거운 물에서는 니트가 줄어들 수 있으므로, 찬물이나 미지근한 물로 세탁하도록 한다. 세제는 울샴푸 등 중성세제를 이용한다. 일반 빨래세제의 강한 염기성은 옷감을 상하게 할 수 있다.

— ——

a. 세탁을 할 때는 니트를 뒤집어서 세탁해야 보풀 등 옷감을 보호할 수 있다. 세탁 시간도 너무 길지 않게, 5~10분 정도 손빨래로 조물조물 빨아준다. 세탁을 끝낸 니트는 물에 식초를 한 스푼 풀고 헹구어 꿉꿉한 냄새가 나는 것을 방지하자.

b. 이제 탈수를 할 차례. 수건 두 장 사이에 니트를 놓고 꾹꾹 눌러주거나, 세탁 망에 넣은 후 3~4분 정도 탈수시켜준다. 니트 건조 시에는 옷걸이나 세탁 줄에 걸 경우 늘어나버릴 수 있으므로, 최대한 펼쳐서 말려준다.

# [각종 얼룩 제거하기]

꼭 새로 산 옷 목 부분에만 묻는 파운데이션 자국, 아침에 급하게 화장하다 떨어 트린 마스카라 솔 자국, 옆 사람이 실수로 그어버린 볼펜 자국, 과로의 결과로 생 겨버린 코피 자국 등. 아무리 옷을 깨끗이 입으려고 노력해도 난감한 얼룩의 습격 에서 벗어날 수 없다.

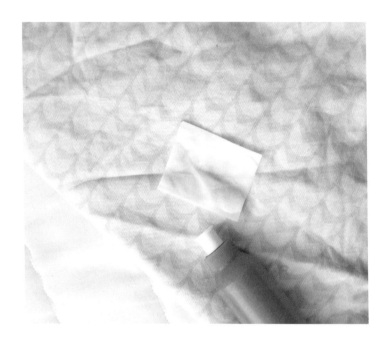

## CASE 1. 피 묻은 빨래

—

피 묻은 빨래는 이것만 기억하자. 즉시, 찬물로! 뜨거운 물은 혈액의 단백질 성분 을 응고시켜서, 옷감에서 색이 빠지지 않을 수도 있다. 오래된 핏자국에는 과산화 수소를 부어주면 과산화수소가 산화하며 부글부글 거품이 일어나게 된다. 몇 번 과산화수소를 두드려준 뒤 빨래하면 핏자국이 깨끗하게 빠진다.

## CASE 2. 화장품 얼룩 빨래

—

화장품 자국은 비누로 지우려고 했다가는 오히려 얼룩이 번질 수 있다. 집에 있는
기름 성분을 이용해 화장품 얼룩을 지워보자.

———

a. **파운데이션:** 옷의 목 부분에 묻어 있는 파운데이션, 비비크림은 올리브 오일로
   지우면 효과적이다. 올리브 오일을 화장솜에 적셔서 얼룩 부분에 톡톡 두드려
   주면 얼룩이 녹는다. 잔여물은 클렌징폼으로 살살 빨아준다.

b. **립스틱**: 파운데이션보다 더 안 지워지는 립스틱은 버터로 지울 수 있다. 얼룩에 버터를 살살 문질러서 흡수시켜준 후, 뜨거운 물로 헹궈주면 얼룩 지우기 끝!

c. **리퀴드 아이라이너, 마스카라**: 마요네즈를 얼룩 위에 바르고, 천천히 흡수시키면서 화장솜으로 두드려준다. 뜨거운 물에 헹군 후 잘 말려 주면 흔적도 없이 사라진다.

*Tip.*

이런 방법을 쓰기 전에 얼룩을 비누로 빨아버리면 얼룩 성질이 변해서 더 지워지지 않는다. 급하더라도 올바른 방법으로 지우는 것이 좋다.

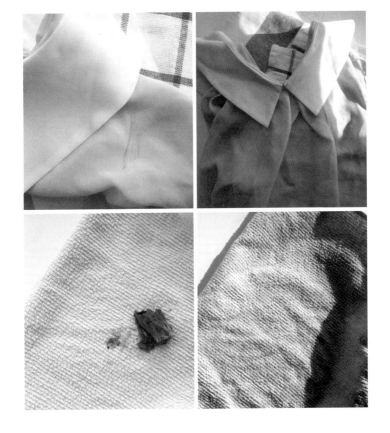

## CASE 3. 볼펜 얼룩 빨래

–

실수로 옷에 묻은 볼펜 얼룩은 비누로는 잘 지워지지 않는다. 약국에서 파는 아세톤이나 매니큐어 리무버를 톡톡 두드려주면 얼룩이 금방 녹는 모습을 볼 수 있다.

## CASE 4. 김치 얼룩 빨래

–

김치 얼룩은 무엇으로 빨래하느냐보다, 어떻게 말리느냐가 중요하다. 빨래를 한 후 반드시 햇볕에 말려 주어야 얼룩이 사라진다.

essay

싱글녀의 비밀친구

대학 시절 자취생활은 정신적으로 아주 호화로웠다. 매일 아침 강의실에서 친구들을 만나고, 같이 밥 먹고, 때론 우리 집에서 술도 먹고, 취한 친구를 내 침대에 재우기도 하면서 재밌게 살았다. 대학 졸업과 함께 동네 친구들을 잃은 나의 상실감은 말로 다 표현 못 한다. 아주 외로워서 괴로울 지경이었다. 때로 친해진 단골 카페 알바생, 단골 편의점 아저씨와 몇 마디 농담 같은 안부 인사를 건네고는 했지만 종일 하는 말이라곤 그게 다였다.

몇 달이 흐르니 룸메이트, 혹은 반려동물, 혹은 본가로 돌아가거나 결혼을 해서라도 뭔가 다른 생명체와 함께 살고 싶다는 간절한 바람이 들었다. 그러나 현재로써는 전부 다 불가능한 것들뿐이었다. 그나마 동거하려면 다육식물 밖에 선택지가 없다. 그렇게 한참 괴로워할 때쯤, 뜻밖에 반가운 친구들을 만나게 되었다.

원룸촌에 사는 길고양이들은 대개 겁이 별로 없었다. 어린 학생들은 고양이 그림자만 보여도 흐뭇한 표정을 했다. 언젠가는 이런 일도 있었다. 폭설이 오는 밤, 골목길에 주차된 자동차 밑에서 애처로운 울음소리가 들렸다. 대충 보니 손바닥만 한 아기 고양이였다. 어떡해, 춥겠다. 빨리 핸드폰을 켜서 검색해보니 페트병에 따뜻한 물을 담아주란다. 집에서 작은 페트병을 챙겨 얼른 골목으로 돌아와 보니 또래의 여자애 셋이 차 밑에 옹기종기 모여 있다. 각자 사료며 담요며 하는 것들을 가져왔다. 친구인 줄 알았는데, 다들 그냥 고양이 보러 왔다가 여기서 처음 만난 사이였다. 비밀스러운 접선을 들킨 것처럼 다들 어색하게 웃는다.

길고양이들은 학생들의 관심을 받아먹으면서 무럭무럭 컸다. 인형처럼 얌전한 친구도 있는가 하면, 아주 까칠한 친구도 있다. 이 친구는 우리 동네 대형마

트 뒷골목에 주로 출몰한다. 수풀 속에 있다가 사람이 지나가면 시도 때도 없이 튀어나온다. 이날 낮에는 웬일인지 길목에 석상처럼 앉아있다. 어떡할까, 조금 주저하다가 그냥 사진이나 한 장 찍어주고 가기로 한다. 찰칵, 소리가 나자 고양이는 나를 본다. 아무래도 거기 앉아있는 게 사진을 찍어도 된다는 말은 아니었나 보다. 내가 짐짓 모르는 척 지나가려고 하니까 맹렬하게 쫓아온다.

정말 맹렬하게 쫓아온다. 내 다리 근처에서 또 그르렁대다가 간다. 깜짝하고도 돌발적인 위협이었다. 조용히 다니라는 뜻인가? 한 번의 마주침을 며칠 동안 곱씹으면서 웃었다. 길고양이들은 다 나름의 표정과 성격이 있다. 집 앞 카페나 피자집에서 키우는 크고 작은 강아지들도 마찬가지다. 약속도 없이, 이름도 없이, 말도 없이 마주칠 때마다 맘이 두근거린다. 그야말로 만남이 곧 이벤트가 되는, 사랑스러운 비밀 친구들이다.

*chapter 5*

# INTERIOR

집을 깨끗하게 치웠다면 이제 집을 예쁘게 꾸
며볼 차례다. 인테리어를 통해 집은 익숙하지
만 새로운, 친근하지만 지루하지 않은 공간으
로 변한다. 작은 소품이나 조명으로 곳곳에 포
인트를 주기만 해도 집안에 생동감 넘치는 표
정이 생긴다. 간단한 인테리어 팁들을 통해 나
만의 분위기가 있는 집을 만들어보자.

# 1

## 원룸 인테리어의 기본

친절한 가이드에도 불구하고 싱글족에게 인테리어란 참 먼 과제다. 그건 우리의 의지가 부족해서도, 정보가 없어서도, 돈이 없어서도 아니라, 대부분의 1인 가구는 월셋집에 사는 세입자이기 때문이다. 이곳이 '남의 집'이기 때문에, 내 맘대로 변형시키기에 한계가 있고, 또 금방 이사를 나갈 것이기 때문에 꾸미기에 돈을 투자하기가 쉽지 않다.

### 원룸 인테리어의 문제점

1. 벽에 페인트칠도 예쁘게 하고 싶고, 못 쾅쾅 박아서 심플한 선반도 달고 싶고,
   벽에 포스터도 붙이고 싶은데 이곳은 월셋집…. 허락을 받지 않고는 못질도 할
   수 없다.
2. 도대체 누가 좋아해서 이렇게 전국에 퍼져 있는 건지 궁금한 화려한 벽지, 체
   리색 몰딩은 가히 인테리어의 무덤이라고 할 수 있다. 어떤 인테리어도 흡수해
   서 자취방 분위기를 뒤바꿔 버린다.
3. 비싸고 예쁜 가구를 사고 싶지만, 언제 이사를 하게 될지 몰라 망설여진다.

### 원룸 인테리어 기본 원칙

1. 먼저, 인테리어 컨셉을 잡아야 한다. 모던한 북유럽 스타일로 깔끔하게 꾸밀 것인지, 공주풍 방으로 꾸밀 것인지, 빈티지한 느낌으로 꾸밀 것인지, 인테리어 사진들을 보며 선택해 보자. 색상은 하나로 통일하는 것이 도움이 된다. 특히 몰딩이 체리 색이거나, 이미 벽지에 포인트 색상이 있는 경우 흰색으로 인테리어 하면 디 깔끔해 보이고, 집노 넓어 보이는 효과가 있다.

2. 좁은 원룸 인테리어에서는 침구가 높은 비율을 차지한다. 다른 곳이 아무리 잘 꾸며져 있어도, 침구가 방과 조화롭지 않으면 전체 분위기를 망치기에 십상이다. 방 분위기를 바꾸고 싶다면 침구를 바꿔 보자.

3. 가구, 가전의 위치를 배치할 때는 효율성도 따져야 한다. 방 동선은 사용하기

불편하진 않은지, 가전 가구들이 제 기능을 할 수 있는 위치에 들어가는지 꼼꼼히 보자. 냉장고 위에 선반 등의 물건을 올려두면 냉장고 성능이 저하될 수 있고, 밥솥은 취사하며 위로 김이 뿜어져 나오게 되므로 윗부분이 막혀 있는 선반에 넣는 것은 피하는 게 좋다.

4. 옷장이나 책꽂이 등 부피가 큰 가구를 사게 될 경우 높이를 맞춰주어야 깔끔해 보인다. 구매 전에 높이를 측정해 보고, 다른 가구와 비슷한 높이로 맞추자. 좁은 방에는 웬만하면 어떤 물건이든 작은 것을 구매하는 게 좋지만, 거울만은 예외다. 전신거울을 하나 두면 거울로서 기능도 톡톡히 할뿐만 아니라, 거울의 확장 효과로 인해 집이 좀 더 넓어 보이는 효과도 있다.


## 인테리어에 도움이 되는 어플

인테리어 구상을 위해 노트에 도면을 그리다 보면 몇 번씩 다시 그리다가 짜증이 나곤 한다. 또 가구들이 막상 방에 들어오면 어떤 모습일지 상상이 되지 않을 때도 있다. 이럴 땐 어플의 도움을 받아보자.

---

- **FLOORPLANNER 도면 그리기 사이트**: 쉽게 방 도면을 그려볼 수 있는 사이트. 다양한 형태의 가구 아이콘 역시 제공하기에 방 실사와 비슷하게 연출해 볼 수 있다. 방 배치를 결정할 때 도움이 된다.
- **이케아 카탈로그 어플**: 증강현실 기술을 카탈로그에 접목한 이케아의 어플. 원하는 가구를 선택하고, 집의 빈 곳을 핸드폰 카메라로 비추면 자동으로 벽을 인식해서 가구의 3D 이미지를 합성해준다. 집과 가구가 어울릴지 손쉽게 알아볼 수 있다.

• 인테리어 어플 & #방스타그램: 인테리어에 대한 아이디어를 얻고 싶을 때, 남들이 꾸민 방을 보면서 영감도 얻고 계획도 세워보자. 인스타그램에서 #방스타그램 해시태그를 검색하면 한국뿐만 아니라 전 세계 사람들이 꾸민 방을 구경할 수 있다.

*2*

실
전
인
테
리
어
팁

거창하게 톱질을 하지 않아도 좋다. 못질도 맘대로 못하는 원룸 세입자라고 미리 좌절할 필요도 없다. 현실적인 원룸 인테리어의 첫걸음은 방 전체 뼈대를 바꾸거나 새로운 가구를 들이는 것 보다, 작은 소품들을 이용하는 것이 좋다. 잘 정돈된 방이라면 소품들로 포인트들을 만들어서 방을 꾸며보자. 신경 써서 배치한 몇 가지 소품만으로도, 또는 꽃 몇 송이만으로도 방에 재미를 줄 수 있다.

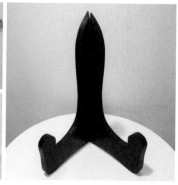

점토형 접착제

–

조금씩 떼어서 점토처럼 조물조물하면 접착제가 된다. 붙였다 떼어도 벽지에 자국이 남지 않기 때문에 월셋집 벽을 꾸밀 때 아주 유용하다. 엽서의 네 귀퉁이에 조금씩만 떼어 붙여주면 된다. 벽지와 마찬가지로 종이에서도 깔끔하게 떨어지기 때문에 엽서나 포스터 자체도 손상되지 않고, 벽지도 찢어지지 않는다. 그러나 유리 등 무겁고 깨지는 물건은 붙이면 위험하다. 떨어져도 괜찮은 엽서, 브로마이드, 플라스틱 액자나 시계 정도만 붙이도록 하자.

• **구입처**: 인터넷, 대형문구점, 미술 화방 / **가격**: 90g 만 원 내외

시침핀, 꼭꼬핀

–

압정과 달리 벽지와 벽 사이에 세로로 꽂게 되므로 벽이 손상되지 않는다. 또, 사용했던 자국은 꾹꾹 눌러주면 감쪽같이 사라진다. 주의할 점은 지나치게 무거운 물건을 꽂은 경우 벽지가 찢어질 수도 있다는 점.

• **구입처**: 천원마트 / **가격**: 개당 1,000원 내외

## 접시 받침대

—

무거운 액자나 시계를 벽에 걸지 않고도 세워놓을 수 있다.

• **구입처**: 인터넷 / **가격**: 1,000~만 원 다양

## 네트망

—

벽에 점토 점착제나 꼭꼬핀을 이용해서 네트망을 걸어준다. 여기에 엽세나 사진

들을 예쁘게 달아주면 완성!

• **구입처**: 천원마트 / **가격**: 1,000~3,000원 내외

물벽지

—

집이 맘에 안 드는 꽃무늬 벽지라 시름이 깊다면? 풀 대신 물을 이용하여 기존 벽지 위에 붙였다가, 나중에 떼어낼 수 있는 형태의 벽지이다. 물벽지 중에서도 나중에 제거가 가능한 제품이 있고 불가능한 제품이 있으니 설명서를 꼼꼼히 읽어보고 고르도록 하자.

• **구입처:** 대형마트, 인터넷 / 가격: 제품별 상이

## [분위기를 바꾸는 작은 소품들]

### 와인잔 활용하기

—

집에 안 쓰는 유리컵이나 와인잔이 있다면, 인테리어에 활용해 보자. 말린 장미꽃
잎을 넣어두어도 예쁜 소품이 되고, 미니 캔들홀더로도 쓸 수 있다.

### 테이블매트 응용하기

—

밥을 먹을 때 상 밑에 테이블 매트를 하나 깔아두면 깔끔해서 보기도 좋고, 식탁
이 더러워지지도 않는다. 전자레인지나 제습기 등 가전에 쌓이는 먼지를 방지하
는 용도로 덮어두어도 아기자기한 인테리어 소품이 된다.

a

꽃으로 방 꾸미기

꽃 하나만 두어도 작은 방 안에 싱그러운 봄이 피어나는 기분이 든다.

a. **생화**: 가끔 기분전환용으로 싱싱한 생화를 사곤 한다. 꽃의 싱그러운 향기가
   방안 가득해서 기분이 좋아진다. 설탕물에 꽂아놓으면 좀 더 오랫동안 꽃을 볼
   수 있다.

b. **드라이플라워**: 시들지 않는 드라이플라워를 만들면 꽃을 오래 두고 볼 수 있다.
   꽃줄기에서 이파리를 정리한 뒤, 햇빛이 들지 않는 곳에서 거꾸로 매달아 일주
   일 정도 말린다. 혹은 실리카겔에 꽃을 넣어두면 2~3일 만에 드라이플라워를
   만들 수 있다.

c. **조화**: 생활용품 샵에서 천 원~이천 원이면 구매할 수 있다. 시들지도 않기에
   저렴하게 방을 꾸밀 수 있다.

평소 방을 꾸미지 않더라도, 연말이 다가오고 거리의 트리에 노란 조명등이 켜지면 방 안도 선물처럼 꾸미고 싶어진다. 몇 가지 소품으로 연말과 크리스마스 분위기를 내는 인테리어 아이디어.

부쉬 트리 만들기

—

큰 트리를 놓기 어려운 작은 원룸. 그렇다고 미니 트리만 놓자니 영 예쁘지가 않다. 이럴 때 크리스마스 부쉬를 사서 화병에 꽂아보자. 두 개만 꽂았는데도 열 트리 부럽지 않은 부쉬 트리가 되었다.

가랜드

–

휑한 벽에 가랜드만 붙여도 연말 느낌이 난다.

캔들홀더

–

평범한 캔들도 오묘한 분위기로 바꾸어주는 캔들 홀더를 사용해 조명을 만들자.

목재 장식

–

단돈 천 원이면 살 수 있는 장식품. 별거 아닌 것 같지만 연말 인테리어의 완성도
를 세배쯤 끌어올려 준다.

# 3

인
테
리
어
의
완
성
,
조
명

## 조명 가이드

같은 장소도 수십 가지의 얼굴을 가진다. 새벽녘 푸르스름한 빛으로 볼
때, 정오의 내리쬐는 햇볕으로 볼 때, 해 질 녘 노르스름한 빛으로 볼 때 다
각각 다른 느낌이다. 조명만 바꿔도 집 안 분위기가 아늑해지고 또 세련되
어진다. 그러니 인테리어의 완성이 조명이라는 말도 과장이 아니다. 먼저
전구를 고르기 위한 기본 개념들을 알아보자.

---

- **소비전력**: 와트(Watt)이며 W로 표기한다.
- **소켓 사이즈**: E로 표기한다.
- **색 온도의 단위**: 켈빈(Kelvin)이며 K로 표기한다.

---

소켓 사이즈는 반드시 전구 크기와 맞춰야 하지만, 와트는 어떤 것을 끼우든 상관없다.

전구의 종류는 빛을 내는 방법에 따라 분류된다. 백열등은 발열에 의해 빛을 내고, 형광등은 기체 방전에 의해 빛을 내며 LED전구는 전기장에 의해 발광한다. 아마 우리에게 가장 익숙할 전구인 백열등은 전력 소모가 심했고 환경에도 좋지 않아 현재는 우리나라에서 판매하지 않는, 추억 속에만 있는 전구이다.

형광등은 백열등보다 효율이 높고 5배 이상 긴 수명을 자랑한다. 그러나 크기가 다소 크고 생산 시 수은과 가스를 사용하기 때문에 환경에 좋지 않다. LED전구는 에너지 효율이 아주 높아 전기세가 적게 나오고, 백열등

대비 25배 이상, 형광등 대비 4배 이상의 긴 수명을 지니고 있다. 또 다양한 색상을 생산할 수 있으며, 친환경적인 조명이다. 그러나 가격은 다른 전구에 비해 비싼 편이다. 전구의 종류를 골랐다면, 이제 전구 색을 골라보자.

---

- 전구색 2700K / 주백색 5000K / 백색 4000K / 주광색 6500K
  숫자가 높을수록 환하고 파랗고 차가운 빛이 돌고, 숫자가 낮을수록 어둡고 노랗고 따뜻한 빛이 돈다.
- 전구색은 주로 카페에서 사용하는 노란 조명이다. 무드등으로는 적합하지만 일상생활용으로는 어두워서 적합하지 않다.
- 주광색은 가정집에서 가장 많이 사용하는 전등이다. 밝고 살짝 푸르스름한 느낌이 특징이다.
- 주백색은 전구색과 주광색의 사이 색. 따뜻한 안정감이 들면서도 너무 어둡지 않다. 주백색 전구가 없을 때 주광색과 전구색을 같이 끼우면 주백색같은 느낌을 낼 수 있다.

---

## 다양한 조명

    생활을 위해 밝은 주광색을 메인 조명으로 사용하고, 보조등으로 전구색 스탠드나 무드등을 두면 좋다.

---

a. **앵두 전구**: 연말 방 꾸미기에 자주 활용되는 반짝반짝 앵두 전구. 알이 크고 동글동글해서 귀여운 느낌을 많이 주는 전구이다. 5m에 만원 내외로 구매할 수 있다. 이 전구는 다양한 활용이 가능하다. 사진을 참고하여 인테리어를 연출해 보자.

b. **픽라이트**: 조명 로망 정점은 바로 화장대 조명 거울이다. 그런데 이런 거울을 직접 사려면 매우 비싸고, 전구를 따로 사서 달기도 만만치 않은 가격이다. 이럴 때 코스트코나 인터넷을 통해 살 수 있는 픽라이트를 이용하면 3만 원대에 조명 서울을 만들 수 있다. 뒷면에 양면테이프를 떼고 거울에 붙여주면 끝! 리모컨으로 불빛을 조정할 수도 있어서 간편하다.

*Tip.*
픽라이트를 이용해 조명이 부족한 구석(주방이나 싱크대 안쪽, 옷장 등)에 조명을 설치할 수도 있다.

*chapter 6*

# ETC.

일단 일차적인 생존의 문제를 해결하고 나면,
이제 좀 더 쾌적하게, 예쁘게, 편하게 살고 싶
어진다. 슬슬, 방에서 향기도 났으면 좋겠고,
귀찮은 집안일을 조금 도와주는 물건도 있었
으면 좋겠다고 생각하게 된다. 몰라도 그럭저
럭 살 수 있지만 알아두면 삶의 질을 열 배쯤
높여 주는 여러 가지 팁들을 알아보자.

# 1

원
룸
환
기
이
야
기

환기를 하지 않을 경우, 원룸에 치명적인 문제점들이 나타날 수 있다. 가장 먼저 집안 습기가 높아지기 때문에 곰팡이와 결로현상이 나타난다. 또, 벌레들은 축축한 환경을 사랑하므로 먼지다듬이나 권연벌레 등 벌레가 생기기 쉬워진다. 좁은 집이기 때문에 실내 이산화탄소 농도가 빠르게 높아지며, 먼지와 오염물질 등으로 인한 각종 질환의 위험도 있고, 집에서 묵은 냄새가 나기도 쉽다. 이런 문제점 중에서 하나만 발생해도 탄식할 상황인데, 전부 일어날지도 모른다는 건 정말 잔인한 일이다.

환기가 안 되는 집의 경우, 선풍기를 창문과 마주 보게 하고 작동시키면 선풍기 바람이 창밖으로 빠져나간 만큼 바깥 공기가 들어오게 되어 환기가 원활하게 일어난다. 여름철에 이런 방법으로 환기를 시켜주면 방 안 온도를 빠르게 내릴 수도 있다.

　꼭 환기해야 하는 시간은 바로 샤워 후와 요리 이후이다. 특히 겨울에 따뜻한 물로 샤워하고 나면 수증기가 발생해 집의 습도가 높아진다. 요리 이후에는 냄새도 가득 차지만, 가스레인지를 사용할 경우 공기 중에 가스나 유해물질이 남아있을 수 있으므로 환기해 주는 것이 좋다.

　환기 시 주의할 점은, 환기 시에 신선한 공기와 함께 바깥 먼지도 들어온다는 사실이다. 특히 집이 큰 도로를 끼고 있는 경우 차량 통행량이 많은 시간에 환기하면 먼지가 다량 유입된다. 또, 미세먼지 농도가 '몹시 나쁨'일 경우에는 환기를 지양해야 한다. 환기는 단 10분으로도 충분한 효과를 볼 수 있다고 하니, 건강한 생활을 위해 하루 한 번 정도는 환기하는 습관을 들이자.

# 2

향기 나는 집 만들기

향기는 집의 첫인상이다. 현관문을 열었을 때, 퀴퀴한 냄새가 나면 벌써 집에 대한 호감도가 깎인다. 비록 보이지는 않지만, 집 냄새는 집안을 꽉 채우고 있어서 특유의 집 냄새가 집주인의 몸에 배기도 쉽다. 그러므로 항상 방을 악취 없이 유지하는 것이 중요하다. 어렵지 않은 방법으로 집 안의 각종 냄새를 제거하고 상쾌한 향기를 채울 방법들을 알아보자.

싱그러운 향기, 생화

—

향이 좋은 꽃들은 몇 송이만 놓아둬도 깨끗하고 싱그러운 향기로 방을 가득 채울수 있다. 그뿐만 아니라 꽃은 인테리어 효과도 뛰어나기에 방의 분위기를 한층 달콤하게 만들어 준다. 생화는 줄기 끝을 사선으로 잘라 설탕물에 담가두면 싱싱함을 오래 유지할 수 있다. 하지만 꽃은 지속력이 짧고, 벌레가 생길 위험이 있다는단점도 가지고 있다.

*Tip.*

• **생화 추천:** 봄꽃 프리지아는 한 단에 5천 원 이하로 저렴하고, 예쁘고, 향기도참 좋은 꽃이다. 백합은 한두 송이로도 방을 채울 만큼 진한 향을 가지고 있지만,향이 너무 강하기 때문에 어지러움을 느끼기도 한다. 히아신스 역시 향기가 좋은봄꽃이다.

은은한 향기, 디퓨저

—

디퓨저는 간단한 준비물로 쉽게 만들 수 있다. 에탄올, 안 쓰는 향수, 주스 공병,
리드스틱을 준비한다. 깨끗이 소독한 공병에 에탄올과 향수를 7:3 비율로 섞이준
후 리드스틱을 꽂아주면 된다. 완성된 디퓨저 병에 드라이플라워 하나만 함께 꽂
아 주어도 훌륭한 인테리어 소품이 된다. 발향은 은은한 편이고, 향 또한 빨리 날
아가므로 주기적으로 새로 만들어야 한다.

## 비누 방향제

—

안 쓰는 비누와 감자 필러를 준비한다. 필러로 비누를 살살 벗겨주면 꽃잎 모양으로 깎인다. 이 비누 조각을 유리컵에 넣어두기만 하면 인테리어 소품으로도, 방향제로도 좋은 비누 방향제가 완성된다.

---

\*주의: 비누 제품에 따라 무르고 단단한 정도가 다르기 때문에, 단단한 비누를 깎다가 손을 다칠 수도 있다. 그리고 이런 비누들은 예쁜 모양으로 깎이지 않고 가루도 많이 날린다. 인공경화제를 넣지 않은 천연비누들은 대체로 무르기 때문에 잘 깎이는 편이다.

*Tip.*

이렇게 방향제로 쓰다가 향이 다 날아간 비누는 버리지 않고 헌 스타킹에 넣어 다시 비누처럼 사용할 수 있다.

# [향기 나는 옷장]

옷장은 공간이 좁은 만큼 조금만 신경 써도 큰 방향 효과를 볼 수 있는 곳이다.

## 향수
_

옷에서도 온종일 은은한 내 향수 향기가 나기를 원한다면 손수건에 향수를 뿌려서 옷장에 넣어 두면 된다.

## 비누
_

비누를 옷장에 보관하는 것만으로도 좋은 향기를 낼 수 있다. 상자 포장을 끄트머리만 뜯어서 옷장에 놓아두면 은은한 비누 향이 폴폴 난다. 비누를 꺼내 싱크대 배수망이나 헌 스타킹에 넣으면 더 빠른 효과를 볼 수 있다. 비누는 방향 효과뿐만 아니라 제습 효과와 벌레를 쫓는 효과까지 있다고 하니 일석삼조다.

## 티백 방향제
_

티백을 옷장 서랍에 넣어두어도 은은한 향기가 오래 지속된다. 먹고 난 티백을 잘 말려서 사용할 수도 있다. 이때, 덜 말리면 곰팡이가 필 수 있으니 주의하자.

향초로 냄새 없는 부엌 만들기

—

좁은 원룸에서 요리를 해서 온 집안에 음식물 냄새가 날 때, 향초를 태우면 공기 중의 음식 냄새를 잡을 수 있다. 다만 향초를 태운 연기는 호흡기를 통해 그대로 인체에 들어오게 되므로, 되도록 천연 캔들을 사용하고 사용 후에는 환기도 철저 하게 하자. 또, 작은 촛불이지만 화재의 위험이 있으므로 항상 조심해야 한다.

### 커피 찌꺼기로 각종 냄새 잡기

–

카페에 가면 커피 찌꺼기를 포장해서 나눠주곤 한다. 이렇게 쉽게 얻을 수 있는 커피 찌꺼기로도 효과적인 탈취제를 만들 수 있다. 먼저, 커피 찌꺼기는 사용에 앞서서 꼭 잘 말려 주어야 곰팡이가 피지 않는다. 직사광선에 말리거나, 전자레인지에서 3분 정도 말려준다. 전자레인지 출력에 따라 다를 수 있으니 중간중간 뒤적거려 상태를 봐 주며 타지 않도록 주의한다. 잘 말린 커피찌꺼기는 다시백에 담고 스테이플러로 밀봉해 준다. 완성된 탈취제들은 신발장, 냉장고, 옷장 등 방 곳곳에 넣어두고 쓸 수 있다. 커피 찌꺼기는 단순 탈취 효과뿐만 아니라 그 자체로 은은한 커피 향이 있으므로, 방향제의 기능도 한다.

### 베이킹소다(파우더) 이용하기

–

베이킹소다는 냄새를 흡착시키는 탈취 효과가 아주 뛰어나다. 방향제 없이 탈취만 원하는 경우 베이킹소다를 다시백에 넣어서 옷장이나 신발장에 두면 되고, 여기에 향수를 뿌리거나 아로마 오일을 떨어트려 두면 탈취제 겸 방향제가 된다. 냄새가 심한 음식물 쓰레기에도 베이킹소다를 뿌려두면 악취가 줄어든다.

## 냉장고 탈취

–

냉장고에 오래된 음식의 냄새가 한 번 배면 냉장고 문을 열기조차 싫어지곤 한다.
특히 묵은김치 냄새는 정말 사라지지 않는다. 냉장고 냄새를 잡는 가장 확실하고
빠른 방법은 바로 소주를 이용하는 것이다. 먹다 남은 소주를 컵에 담아 냉장고에
넣어두는 것만으로도 큰 효과를 볼 수 있다. 냉장고 청소를 할 때도 소주를 행주
에 묻혀 한번 닦아주면 냉장고 구석구석 밴 냄새를 제거할 수 있다. 냄새가 심한
경우, 화장 솜에 소주를 적셔서 냉장고 구석구석 붙여두면 된다.

*Tip.* _____
칸칸이 식빵을 넣어두면, 식빵이 냉장고 냄새를 모두 빨아들인다.

## 싱크대 악취 잡기

–

싱크대 악취를 잡기 위해 레몬 얼음을 만들어 보자. 얼음 트레이에 레몬 조각과
식초를 넣고 얼린다. 싱크대에 하나씩 넣어두면 상큼한 레몬 향이 나는 레몬 탈취
제가 된다.

*Tip.* _____
악취가 나는 싱크대에는 수시로 베이킹소다를 뿌려주어도 탈취 효과가 있다.

# PLUS : 싱글족의 대형마트 장보기 꿀팁!

독립하며 처음으로 혼자 장을 보게 되었다. 이제야 깨닫게 된 장보기의 고충. 일단 장을 보러 가기도 귀찮다. 혼자 먹을 아주 적은 양을 사야 하고, 그렇다고 적은 양인데 딱히 싸지도 않다. 가격 때문에 큰 것을 사면 무조건 남아서 음식물 쓰레기가 된다.

———

• **카트보다 바구니 이용하기**: 바구니를 사용하면 들고 갈 무게를 가늠할 수 있고, 무거워서라도 쓸데없는 물건을 안 사게 된다.
• **장 보러 가기 전에 밥 먹기**: 배고픈 와중에 대형마트의 특가! 1+1을 보고 있노라면 이것도 먹고 싶고 저것도 먹고 싶어서 과도한 지출을 하게 된다.
• **핸드폰 계산기 이용하기**: 즉각 계산하면서 장을 보는 것도 과도한 지출을 막을 수 있는 방법이다.
• **단위가격 비교하기**: 비슷한 제품 둘 중 무엇이 더 저렴한지 확인하려면 가격표 밑에 작게 적혀있는 단위가격을 비교하면 된다.
• **마감 세일 활용하기**: 늦은 시간에 대형마트를 방문하면 직원분들이 어디선가 저렴한 떨이 채소를 주섬주섬 꺼내는 광경을 목격할 수 있다. 대형마트는 보통 2, 4주 일요일이 휴무일인데, 휴무일 전날 토요일 저녁에 방문하면 과일, 채소, 생선, 고기를 저렴한 가격에 구매할 수 있다.

# 3

## 싱글족 잇템

**무인양품 / 버터 / 다이소**

이런 가게들은 바깥세상과는 다른 시간이 흐르는 것 같다. 한 번 들어갔다 나오면 갑자기 시계 앞자리가 바뀌어 있고, 지갑은 가벼워져 있고, 손은 무거워져 있다. 없어도 삶에 지장은 없지만, 있으면 생활이 몇 배 편리해지게 된다.

### 페트병 병따개

페트병 뚜껑을 못 딴다고 하면 엄살 부리지 말라는 반응이 나오기도 하지만, 그래도 이런 아이디어 상품이 팔리는 걸 보면 뚜껑 못 따는 사람이 나뿐만은 아닌가보다. 네이버 검색도 해 보고, 고무장갑 끼고 열어보고 이것저것 시도하다 보면 '그

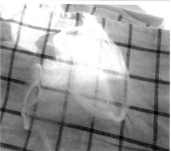

냥 안 마셔!'라고 외치고 싶어진다. 심지어 새벽에 목은 마르고, 생수 한 병 남았는데 도저히 열 수가 없어서 페트병을 칼로 자른 적도(!) 있다. 그럴 때 이런 페트병 따개 하나 있으면 고민 끝! 집에 놀러 온 친구들이 탐내는 물건 1호로, 실제 친구가 독립할 때 선물로 하나 사주기도 했었다. 구입처는 대형마트 생활용품 코너. 다이소에서도 본 적이 있다.

## 배수구망

집안일 중에 하기 싫은 것 탑 쓰리 정도에 드는 게 바로 싱크대 배수구 관리다. 자주 비워도, 사이사이에 낀 음식물까지 버리기는 참 힘들다. 곰팡이가 피어 그냥 버리고 다시 사기도 몇 번이나 된다. 하지만 배수구망과 함께라면 싱크대 관리도 어렵지 않다. 배수구에 잘 씌워 놓았다가, 벗겨서 버려주면 된다. 걱정과 달리 배수에도 문제가 없다. 구입처는 다이소.

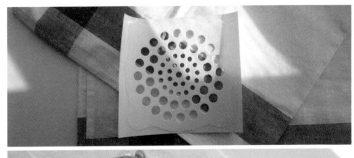

### 욕실 배수구시트

매일 아침 샤워를 마치고 배수구를 보면 한숨이 나온다. 수많은 머리카락은 대체 어디서 이렇게 나오는 건지, 탈모는 아닌 걸까 의심되기도 한다. 배수구 사이에 낀 머리카락 빼내는 것도 힘든 일이다. 이럴 때 욕실 배수구에 붙이는 스티커를 사용하면 청소가 간편하다. 깨끗한 배수구 위에 스티커를 붙여 두었다가, 샤워 후 떼 주면 머리카락도 함께 떨어지게 되는 좋은 아이템이다. 다이소에서 구매할 수 있다.

### 비누 거품망

작아진 비누는 버리기엔 아깝고 쓰기엔 거품 내기가 힘들다. 이때 작은 비누 조각들을 비누 거품망 안에 넣고 사용하면 살짝만 비벼도 거품이 나서 쓰기 편하다. 다이소에서 구매할 수 있다.

## 노트북 거치대

모든 귀차니스트들의 꿈. 싱글족의 이상향. 바로 침대에 누워서 노트북 하기! 이런 꿈을 실현 가능하게 해 주는 물건이 여기 있다. 놀러 와서 이런 꼴을 본 친구들은 '진짜 잉여가 따로 없다'라며 기함을 했지만, 얼마나 많은 생산적인 레포트와 작업물이 누워서 나왔는지 그들은 모를 것이다. 특히 겨울에 장판 따뜻하게 켜 놓고 누워서 노트북 하고 있으면 천국이 따로 없다. 인터넷을 통해 구매할 수 있다.

## 회전식 화장품 정리대

한 뼘 남짓한 작은 공간에 화장품들을 야무지게 집어넣을 수 있다. 서랍에 넣어놓으면 화장품을 찾느라 다 다시 빼서 엉망이 되기 일쑤인데, 회전식 정리대는 화장품 찾기도 간편하다. 인터넷을 통해 구매할 수 있다.

## 유단포

일명 탕파라고도 불리는 등산용 물주머니. 뜨거운 물을 넣으면 5시간 정도 온기가 유지된다. 추운 겨울, 이거 하나만 배에 끌어안고 자면, 열 전기장판도 부럽지 않다. 대형마트나 인터넷을 통해 구매할 수 있다.

*chapter 7*

# SEASONAL GUIDE

살림을 하다 보면 계절의 변화에 누구보다 민
감해질 수밖에 없다. 더우면 더워서 문제, 추
우면 추워서 문제, 습하면 습해서 문제, 건조
하면 건조해서 문제. 아, 어쩌란 말인지! 여름
이면 얼른 겨울이 오기를, 겨울이면 얼른 여름
이 오기를 바라다 사계절이 시난다. 괴로운 여
름과 겨울을 조금 편히 보낼 수 있는 가이드를
준비했다.

essay

여름에 생기는 일들

- **빨래할 때:** '추워서 빨래가 어는 것보다 낫지!'라고 생각했으나, 현실은 덥고, 빨래 습기에다 환기도 안 된다. 그야말로 사우나가 따로 없다.

- **곰팡이의 습격:** 습기에 괴로워하는 사이 어느새 2차 공격이 들어오게 된다. 벽지나 가구는 물론이고 심지어 옷장 속 청바지까지 곰팡이가 피기도 한다.

- **여름 벌레:** 여름밤을 가장 소름 돋게 하는 건 납량특집 드라마도 귀신이야기도 아니라 어디선가 들려오는 벌레 날갯소리다. 나방, 권연벌레, 바퀴벌레 등 온갖 벌레가 출몰한다.

- **전기세 고지서:** 숨만 쉬어도 땀이 주르륵 나지만 마음대로 에어컨을 켤 수도 없다.

- **창조적인 생활패턴:** 푹푹 찌는 여름 주말이면 아침에 일찍 일어나 활동하고, 더운 낮에 자고, 해 지면 저녁에 다시 일어나 마저 활동하는 창조석인 생활패턴으로 살아보기도 한다.

- 하지만 혼자 맞이하는 여름이라 좋은 점도 있었으니, 폭염 속 속옷 바람으로 활보해도 아무도 눈치 주는 사람이 없다는 것!

# 1

## 여름을 위한 가이드

혼자 맞이하는 계절의 색은 그 어느 때보다 뚜렷하다. 더우면 에어컨도 마음껏 틀 수 있고 환기도 통풍도 잘 되는 게 당연했던 본가에서 살다가 홀로 마주한 원룸의 여름은 이전에 겪어본 적 없이 뜨거웠다. 따뜻한 봄을 지나 날씨가 풀리면 집 안은 서서히 달궈지고, 7월이 오면 그 어떤 곳보다 덥고 습한 방에서 벌레와 습기에 혼자 맞서야 한다. 쾌적한 여름나기를 위한 몇 가지 방법을 소개한다.

# [ 벌레 퇴치 ]

### 계피가루로 벌레 퇴치하기

–

모기, 바퀴벌레, 진드기 등 많은 벌레가 계피향을 피한다. 계피가루를 다시백에
넣어 신발장이나 이불장 등에 넣어두자.

### 치약으로 살충제 만들기

–

치약의 계면활성제 성분은 웬만한 살충제보다 효과적으로 벌레를 죽인다. 심지
어 바퀴벌레에도 효과만점이니, 여름에는 분무기에 치약 물을 하나 타 두자.

### 쌀통에 통마늘이나 고추 넣어두기

–

쌀통에 매운 통마늘이나 고추를 넣어두면 쌀벌레가 생기는 것을 예방할 수 있다.

택배상자 바로 버리기

–

택배상자는 벌레들이 알을 낳기 아주 좋은 재질이라는 놀랍고도 무서운 사실. 물건을 꺼낸 택배상자는 바로바로 치워버리자.

빗물 구멍 막기

–

창문 밑 빗물구멍은 벌레들이 드나드는 통로가 된다. 스펀지 재질로 막아주거나, 스카치테이프로 절반 정도만 막아주자.

# [습기 제거]

습도가 높아지면 가구부터 옷, 벽지 장판까지, 방 곳곳에 곰팡이가 출몰한다.

### 옷장에 신문지 넣어두기

—

옷장이나 이불장에 신문지를 깔아두면 신문지가 습기를 흡수한다.

### 꾸준한 환기

—

아침저녁으로 20분 이상 충분히 환기를 시켜주도록 한다. 특히 샤워 직후, 물을 끓인 후에는 방 습도가 높아지게 되므로 꼭 환기를 시킨다.

제습제 만들기

—

다시백에 굵은 소금과 베이킹소다를 담은 후 옷장, 신발장 등에 두면 습기를 제거
할 수 있다.

## 선풍기 정리하기

—

먼저 봄부터 여름까지 내내 먼지가 잔뜩 쌓인 선풍기를 정리해 보자. 나사를 풀어 날개를 분해한 후, 깨끗하게 씻어준다. 콘센트는 기둥에 둘둘 감은 후, 전선 사이로 콘센트 끝부분을 쏙 넣어서 깔끔하게 정리해준다. 키를 높여서 사용하고 있었다면 보관하기 쉽게 키를 원래대로 낮춰준다. 마지막으로, 겨우내 먼지가 쌓이지 않도록 커버를 꼭꼭 씌워준다. 커버가 없다면? 커다란 세탁소 비닐이나 보자기 등으로 대체 가능하다. 선풍기 밑 부분도 감싸주면 먼지로부터 보호할 수 있다. 저 버튼 사이에 먼지가 끼면 청소도 힘들기 때문에 미리 방지하는 게 좋다.

에어컨 정리하기

—

송풍으로 20분 이상 돌려서 습기를 빼 준다. 이 과정은 무조건 해 줘야 내년 여름
에 에어컨에서 곰팡이 냄새가 나지 않는다. 특히 벽걸이 에어컨 커버를 꼭 씌워줘
야 하는 이유는, 에어컨 윗부분에 공기가 드나드는 구멍이 있기 때문에 가을과 겨
울 내내 먼지가 늘어가기 때문이다. 만약 에어컨 커버가 없다면, 주방용 랩으로
에어컨을 감싸주면 된다.

겨울에 생기는 일들

• **겨울의 아침**: 자고 일어나면 전기장판 덕분에 등은 뜨뜻한데 얼굴은 차갑다. 특히 코는 엄청나게 얼얼하고 시리다. 한창 추울 때는 이불을 뒤집어쓰고 자기도 한다.

• **벽지의 눈물**: 건조한 겨울이라는데, 이상하게 벽지만은 여름보다 습하다. 집에 단열이 잘 되지 않아서 생기는 결로현상은, 집 건축 문제이기에 해결이 참 어렵다. 결로의 하이라이트는 역시 습기를 머금은 벽지나 장판에 생기는 곰팡이. 이런 집은 빨래를 집안에 널어놓으면 습해서 안 마르고, 집밖에 널어놓으면 추워서 얼어버린다.

• **극한 샤워**: 난방이 안 되는 욕실에서 샤워하기란 정말 끔찍하다. 한 친구는 아침에 샤워할 때마다 훈련소에 재입대한 기분이 든다는 말을 남기기도 했다. 대개 원룸 보일러는 용량도 적기 때문에 몇 분 이상 온수를 틀면 더 나오지 않는다. 나는 이 사실을 어느 겨울날 알게 되었다. 친구 세 명이 우리 집에 놀러 온 날이었다. 가장 처음 샤워한 친구는 따뜻했지만, 마지막 친구는 뜻밖의 아이스버킷 챌린지를 하고 말았다.

• **외풍**: 분명 방 안인데 어디선가 솔솔 바람이 불어오고, 창틀에 놓인 휴지가 팔랑거린다. 예전에 살던 집은 화장실에 창문이 크게 있어서 '화장실 환기가 아주 잘 되겠군!' 했었다. 그런데 창문을 열지 않아도 환기가 될 줄이야…. 창문이 큰집은 환기가 잘 되는 만큼 외풍도 심한 경향이 있다.

• **마우스**: 한겨울, 추운 빙에 수족냉증까지 합쳐지니 도리가 없다. 장갑을 끼고 컴퓨터를 하게 된다.

• 겨울의 좋은 점은 역시 벌레가 없다는 것! 여름에 출몰하던 벌레들이 싹 사라진다.

## 2

### 겨울을 위한 가이드

분명 집 안에서 잠들었는데, 시린 코끝이 잠을 깨운다. 그럴 때 알게 된다. 아, 겨울이 왔구나. 겨울이라는 계절은 혼자 사는 사람들에게 새로운 것을 알게 해준다. 외풍이며 결로며 하는 것들은 혼자 살기 전엔 이름조차 들어보지 못한 생소한 것들이었으니까. 만약 삶에도 레벨이 있다면 겨울의 하루하루는 버티는 것만으로도 경험치가 올라간다고 할 수 있다. 혼자서도 따뜻한 겨울을 보내기 위한 필수 아이템들을 알아두자.

# [ 간단하게 만드는 가습기 ]

## 종이컵 가습기

--

먼저 종이컵 양쪽에 살짝 칼집을 내준다. 종이컵에 물을 담고, 칼집에 빨대를 수
평으로 끼워준다. 키친타올을 접어서 걸면 완성!

## 수건 가습기

--

적당한 곳에 옷걸이를 걸고, 수건을 집게로 고정해준다. 물을 담은 대야를 밑에
두고 수건 끝을 담그면 밤새 마르지 않는 수건 가습기가 된다.

펠트지 가습기

—

펠트지 끝부터 지그재그로 부채 접기를 한다. 가운데 부분은 리본 끈이나 고무줄
로 묶고, 물을 담은 긴 병에 꽂아주면 완성! 펠트지가 물을 잘 빨아들인다.

# [ 결로 방지법 ]

겨울철 창문에 자꾸 물기가 맺힌다면? 바로 겨울철 곰팡이의 원인인 결로다.

## 물 흡수 테이프 붙이기

–

창문 아래에 물흡수 테이프를 길게 붙여주면 테이프가 창문에 흐르는 물을 흡수
해준다.

## 창문 결로 방지하기

–

준비물은 샴푸, 마른걸레 두 장. 먼저, 마른걸레로 창문을 물기 없이 깨끗하게 닦
아준다. 다른 마른걸레에 샴푸를 살짝 짠 후 창문을 닦아주면 3~5일 정도 결로가
덜 생긴다.

창문 열어두기

—

이중창인 경우, 바깥쪽 창문은 완전히 닫고 안쪽 창문만 5cm 정도 열어두면 결로
가 덜 생긴다. 또한, 내외부 온도 차에 의해 결로가 발생하므로, 아침저녁 20분 정
도 환기를 잘 시켜줘야 한다.

# [ 외풍 방지 아이템 ]

모 문풍지

—

문풍지에는 스펀지, 종이 등 여러 재질이 있는데, 모 재질로 된 스티커가 나중에도 숨이 죽지 않아서 좋다. 문풍지는 창문이나 현관문 틈 사이에 붙여서 사용한다.

외풍 차단 비닐, 에어캡

—

창문에 방풍 비닐이나 에어캡을 붙여주면 외풍과 결로를 방지할 수 있다.

투명 문풍지

—

현관이나 방 문틈에서 불어오는 바람을 막을 수 있는 아이템이다. 현관문이 열리는 끝쪽에 3mm 정도 튀어나오게 문풍지를 붙여준다. 문을 닫으면 스티커가 꺾이면서 틈 사이로 들어가기 때문에 바람을 막아준다.

우드락

—

침대와 벽 사이에 우드락을 두면 외풍을 막을 수 있다.

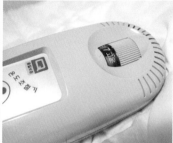
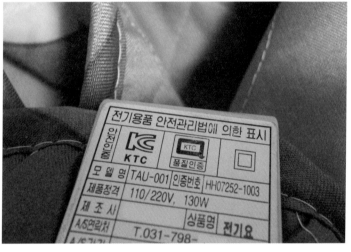

전기장판은 겨울나기의 필수품이지만, 전자파와 화재의 위험이 있다. 전자파는 온도조절기에서 가장 많이 발생하므로, 꼭 발밑에 두고 사용하도록 하자. 또, 라텍스 재질의 매트리스는 열에 약하므로 전기장판을 사용할 경우 화재의 위험이 있다. 전기장판을 고를 때는 다양한 인증마크를 확인하도록 하자. 그중에서도 두 가지를 확인하면 좋다. 먼저 KS 인증마크는 품질관리 인증마크로, 이 마크가 없는 제품은 내구성이 약하므로 피하는 것이 좋다. EMF 인증마크는 전자파 발생량이 아주 적은 제품에 부여하는 마크로, 전기장판을 고를 때 확인해 보면 좋다.

## PLUS : 겨울철 귤을 활용한 살림팁

겨울이면 빠질 수 없는 게 바로 귤! 귤껍질을 버리지 말고 살림에
응용해 보자.

• **귤 방향제 만들기:** 귤껍질을 자른 후, 전자레인지에 1분 정도 돌
려서 말려준다. 다시백에 담은 뒤 옷장이나 신발장에 배치에서 사
용하면 상큼한 귤 방향제가 된다.

• **프라이팬 기름때 제거:** 기름 가득한 프라이팬 닦기가 힘들 때,
귤껍질 안쪽의 흰색 부분으로 닦으면 기름때가 귤껍질에 싹 흡수
된다.

• **전자레인지 탈취:** 귤껍질을 전자레인지에 넣고 20초 정도 돌려주
면 전자레인지 잡내가 사라진다.

# chapter 8

# COOKING

사실 자취하기 전의 나는 라면도 못 끓였다. '밥은 대충 사 먹으면 되지!'라고 생각한 지 일 년 만에.

—

살이 찐다
피부가 뒤집어짐
급격한 체력저하

—

정황상 이건 식이가 문제구나, 감이 딱 왔다. 그렇다면, 이제 요리를 시작해 볼 때다.

# 1

요
리
의

기
본

요리 레시피를 처음 펼쳐 든 사람은 곧 깊은 시름에 빠지게 된다. 밥 아저씨가 말하는 '참 쉬운 그림'처럼, 수많은 '참 쉬운 요리'를 위해서는 '누구나 냉장고에 있는' 맛술도 매실액도 꺼내 와야 했던 것이다. 물론 싱글족의 냉장고에 그런 조미료들이 있을 리 없다.

이 압박감을 극복하고, 일단 기본적으로 필요한 조미료랑 재료부터 사야겠다는 다짐으로 야심 차게 마트에 가도 문제다. 세상에 양념 조미료 종류가 이렇게 많았다니, 과연 이걸 사서 다 쓰긴 하는 건가? 이거 없으면 요리를 못 하나? 하면서 큰 당황스러움에 빠지게 된다.

소금, 설탕

—

단맛과 짠맛을 내는 기본 조미료.

*Tip.*

물엿과 올리고당? 물엿은 볶음이나 조림 요리 등에서 윤기를 내기 위해 사용된다. 올리고당은 칼로리가 낮아 건강 측면에서 더 우수하지만, 설탕이나 물엿보다 단맛이 덜하고 가격이 비싸다. 둘 다 설탕으로 대체해도 무방하다.

식용유

—

식용유는 상온에 보관하되, 가스레인지에 너무 가까이 보관해서 열을 받는 일이 없도록 주의하자. 다 똑같은 기름 같지만, 각각 장단점과 용도가 확연히 다르다. 각 식용유의 차이를 알기 위해서는 원료와 발연점*을 보면 된다. 원료의 경우 건강, 환경에 민감한 경우 유심히 따져보아야 하고, 발연점은 기름의 용도를 구분 짓기 위해 체크해야 한다.

*Tip.*

• 발연점이란? 기름에서 연기가 나기 시작하는 온도로, 이때 발암물질 등 해로운 물질들이 생성된다. 즉 발연점이 낮은 기름은 가열하는 음식에는 적합하지 않다.

# PLUS : 식용유 고르기


• **콩기름, 옥수수유**: 고소한 맛과 저렴한 가격이 특징으로, 보통 식당에서 대용량으로 갖춰놓고 사용한다. 트랜스지방 수치가 높고, 원료로 사용된 콩과 옥수수가 GMO일 확률이 높다.

• **카놀라유**: 발연점이 240℃ 정도로 높아 튀김이나 부침에 적합하다. 가격이 저렴하고 포화지방이 적어 가장 대중적인 식용유. 카놀라유는 독성이 있는 유채꽃을 독성을 제거한 품종으로 개량하여 추출한 기름이다. 즉, GMO 논란에서 벗어나지 못하는 기름이기도 하다.

• **포도씨유**: 담백한 기름으로, 볶음요리에 적합하다. 발연점은 220-40℃ 정도. 와인을 만들고 남은 포도 씨에서 추출하며, GMO 가능성은 낮다.

• **올리브유**: 발연점이 180-90℃ 정도로 낮아서 가열 요리에는 거의 사용하지 않는다. 올리브유는 엑스트라 버진과 퓨어 두 종류로 나뉘는데, 엑스트라 버진은 올리브를 압착식으로 만든 식용유로 발연점이 낮고 향이 좋으므로 샐러드드레싱이나 소스에 적합하다. 퓨어의 경우 한 번 짜낸 올리브를 정제한 제품으로 발연점이 조금 더 높아서 부침 요리에 사용되기도 한다.

• **현미유**: 발연점이 240℃ 이상으로 높다. 쌀겨에서 추출하며 GMO의 확률이 비교적 낮으나, 가격은 비싼 편이다.

## 간장

간장은 진간장 · 국간장 · 양조간장 · 맛간장으로 나눌 수 있다. 진간장(왜간장)은 가장 저렴하고 단맛이 나며, 화학적 방식으로 만들어진다. 가열 음식에 두루 사용되는 간장이다. 국간장(조선간장)은 국의 간을 맞출 때 사용하며, 짠맛이 특징이다. 맑기 때문에 국에 넣어도 국의 색상이 변하지 않는다. 양조간장은 장기간 자연 발효시킨 간장으로, 드레싱 등에 사용하면 좋다. 맛간장은 과일, 설탕 등을 넣어 맛을 낸 간장이다. 진간장이나 양조간장 중 하나만 있으면 두루두루 사용할 수 있다. 간장은 국의 간을 맞출 때나, 각종 조림, 볶음 요리에도 널리 사용된다.

## 식초

—

혼자 살다 보면 밥 먹기도 귀찮고 먹을 의욕도 없고 입맛도 떨어지곤 한다. 이럴
때 새큼한 맛을 내는 식초 넣고 무침이나 냉국을 만들면 입맛이 돋아난다. 과일식
초보다는 현미식초를 기본으로 한 병 구비해 두자.

## 된장, 고추장

—

장류는 취향에 따라 활용도가 다르지만, 대체로 된장보다는 고추장이 여러모로
쓸 데가 많다. 된장은 시중에 나와 있는 제품에 따라 맛이 다르므로 원료나 상품
평을 참고하여 고르도록 하자. 된장은 감자, 호박, 무, 시금치 등 어떤 재료를 넣고
끓여도 맛있는 된장국이 되기 때문에 활용도가 높으며, 고추장은 비빔밥이나 각
종 양념장으로 활용된다.

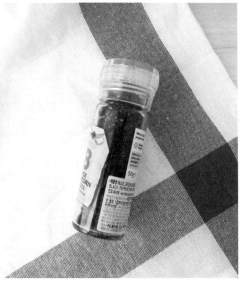

참기름, 들기름

—

고소한 맛과 냄새를 담당하는 조미료. 각종 나물이나, 남은 반찬으로 만드는 비빔
밥, 미역국, 볶음 요리 등에 유용하게 쓰인다. 참깨에서 추출한 참기름은 상온보
관이 가능하고, 유통기한도 긴 편이다. 들깨에서 추출한 들기름은 참기름보다 진
하고 더 고소한 맛이 특징이지만, 개봉 시 유통기한이 한 달 내외일 정도로 산패
가 빨라 보관이 까다롭다.

후추

—

고기 등의 밑간을 하거나 잡냄새를 잡아줄 때 사용된다. 후추 특유의 향과 맛도
좋기 때문에 각종 음식에 뿌려 먹을 수도 있다.

## 고춧가루

—

고춧가루는 매콤한 칼칼함을 낼 수 있고 음식의 느끼함을 잡을 수 있다. 고추장만
으로 요리하면 특유의 텁텁함이 있기 때문이다. 상온에 보관하면 금방 상하거나
곰팡이가 생길 수 있으므로 냉동에 보관해야 한다.

## 다진 마늘

—

다진 마늘은 찌개는 물론이고 볶음, 계란찜에도 들어가는 한식 레시피의 기본 재
료다. 무언가 조금 부족하다 싶을 때 다진 마늘을 넣어 주면 맛이 업그레이드된
다. 심지어 라면에 들어가도 맛있다. 다진 마늘은 유통기한이 매우 짧으므로 냉동
보관해 주는 것이 좋다. 구매한 후 지퍼백에 넣고 젓가락으로 금을 그어서 냉동해
두자. 얼려놓은 다진 마늘은 필요할 때마다 조금씩 쉽게 떼어서 사용할 수 있다.

## MSG

—

비록 유해성에 대한 논란이 끊이지 않지만, 부족한 재료로 만드는 자취 음식의 살짝 아쉬운 맛을 채워줄 수 있는 조미료. 가끔 맛을 위해 소량만 사용하도록 하자. 굴 소스 역시 어떤 음식이든 조금만 넣어주면 감칠맛이 살아나고, 카레 가루는 음식의 비린내를 잡아주는 한편 카레 특유의 향과 맛이 음식에 감칠맛을 더해준다. 볶음밥이나 떡볶이에 넣어도 맛있고, 닭볶음탕 등 고기 요리나 생선요리에 넣어도 맛있으므로 잘 활용할 수 있다.

이외에도 케첩, 마요네즈, 돈가스 소스, 머스터드 소스, 핫 소스 등은 취향에 따라 구비하면 된다.

*Tip.*

• 대체 가능한 조미료들: 초고추장은 말 그대로 식초+고추장+설탕 조합으로 만들 수 있다. 매실액은 새큼하면서도 달달한 맛을 추가해 줄 때 쓰이는데, 설탕으로 대체해도 무방하다. 맛술은 소주+설탕으로 대체할 수 있다.

밥

—

본가에서 사용하는 큰 압력밥솥이 아니라 소형 전기밥솥으로 밥을 하면 확실히
밥맛이 떨어지게 된다. 내가 한 밥이 유난히 엄마 집밥보다 맛없다면, 쌀을 잘못

사거나 물을 잘 못 맞춰서가 아니라 밥솥 자체의 기능이 떨어지기 때문일 가능성이 크다. 이런 밥, 어떻게 해야 할까? 그냥 간단하게 밥 지을 때 쌀 위에 다시마 한 장 정도 올려두고, 평소 밥 지을 때와 같은 물양을 넣은 후 취사하면 찰진 다시마 밥이 완성된다. 일식집 밥의 비결이기도 한 다시마 밥은 쫀득쫀득하고 찰져서 반찬 없이 밥만 먹어도 맛있을 정도. 심지어 다시마로 지은 밥은 변비에도 좋다고 하니 일석이조다.

밥을 맛있게 지었어도 여기서 끝이 아니다. 처음 밥을 하고 나면 얼마 지나지 않아 당황스러운 상황을 목격하게 된다. 꼬들꼬들 맛있었던 밥이 며칠 지나지 않아 누레지고 딱딱해지는 것이다. 밥솥에 방치한 밥은 금방 쉬어버린다. 게다가 밥솥을 계속 보온으로 켜놓으면 전기세도 많이 나오게 된다. 그러니 가장 좋은 방법은, 밥을 한 이후 1인분씩 소분해서 냉동하는 것이다. 밥을 식힌 후, 적당한 통이나 지퍼백에 1인분씩 소분해서 얼린다. 냉동한 밥은 그릇에 담아 전자레인지에 살짝 돌리면 막 지은 밥의 맛 그대로 먹을 수 있다.

## 국

—

국 요리를 시도하기 어려웠던 건 바로 이 멘트 때문이다. '멸치나 다시마로 육수를 내어주세요~' 주부님들에겐 너무나 당연한 레시피 1번이, 싱글족에겐 있을 수 없을 만큼 귀찮은 진입장벽이다.

하지만 다시마만 있어도 이런 육수 내기를 쉽게 할 수 있다. 준비물은 오직 천 원짜리 플라스틱 물병과 다시마만 있으면 된다. 물과 다시마를 물통에 넣고, 냉장고에 넣어주면 된다. 하루 정도 지나면 다시마 육수가 우러나있다.

## 달걀

—

• **활용도**: 삶은 달걀, 프라이, 스크램블 에그, 계란찜, 계란말이, 계란밥, 계란 라면 등 무궁무진한 응용이 가능하다. • **효능**: 영양 만점 달걀은 저렴한 완전식품이다. • **보관**: 뾰족한 부분이 아래로 가게 보관해야 신선하게 오래 보관할 수 있다.

## 감자 & 고구마

—

• **활용도**: 볶기, 굽기, 찌기 모두 가능하고, 종류 불문 국이나 찌개에 넣을 수 있는 만능 재료이다. • **보관**: 감자는 서늘하고 바람이 잘 통하는 곳에 보관하면 2개월 정도 보관할 수 있다고 하지만. 원룸에 서늘하고 바람이 잘 통하는 곳이 있기도 힘들다. 그러므로 남은 감자는 잘 잘라서 지퍼백에 넣고 냉동하여 보관한다. 감자의 냉장 보관은 독성물질이 발생할 수 있으므로 금물이다. 고구마도 마찬가지로 냉동 보관한다. • **상식**: 감자에 난 싹은 독성이 있으므로 먹으면 안 된다. 싹이 난 부분은 깊이 도려내고 나머지 부분만 먹도록 하자.

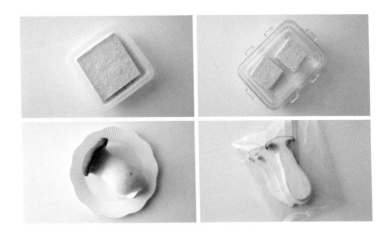

두부

—

• 활용도: 국, 찌개에도 들어가고, 부침해 먹거나 두부김치로 먹을 수도 있다. • 효능: 두부는 좋은 단백질 공급원이 된다. • 보관: 먹고 남은 두부는 연한 소금물이나 연한 식초 물에 담가두면 오래 보관할 수 있다. 그래도 남으면 잘라서 냉동하면 된다. 다만 두부는 냉동할 경우 식감이 쫀득해지고 질겨지므로 주의해야 한다. 국이나 찌개에 넣으면 냉동 두부의 식감이 비교적 덜 두드러지는 편이다.

버섯

—

• 활용도: 찌개나 국에 넣을 수도 있고, 버섯 볶음이나 버섯구이를 할 수 있다. 달걀 물 입히면 전이 되고, 고추장 양념을 하면 버섯 주물럭이 된다. 양송이버섯, 새송이버섯, 팽이버섯 등 여러 버섯이 있지만 종류를 불문하고 다양한 요리에 활용할 수 있으니 취향에 따라 사두면 된다. • 특징: 버섯은 원래 씻어서 먹는 음식이 아니라고 한다. 물에 닿으면 물을 먹어서 식감과 맛, 향이 변하므로 겉면만 닦듯이 털어주면 된다. 그래도 유통과정이 찝찝하다면 살짝만 헹궈주자. • 보관: 손질한 버섯은 잘라서 냉동하면 된다.

애호박

–

• 활용도: 애호박은 각종 요리의 부재료로 사용되고, 특유의 단맛이 있어서 간단
하게 굽거나 달걀 물을 입혀 전을 부쳐도 맛있다. • 보관: 쓰고 남은 애호박은 단
면이 마르기 쉬우니 랩으로 감싸준다. 잘라서 냉동할 경우 식감이 많이 변하기 때
문에 국이나 찌개를 끓일 때 활용하면 좋다.

양배추

–

• 활용도: 양배추는 국에도 넣고 떡볶이에도 넣고 볶음밥에도 넣을 수 있지만, 그
냥 양배추 그대로 굴 소스나 간장과 함께 볶아줘도 훌륭한 반찬이 된다. • 특징:
양배추를 사 봤다면 한 번쯤은 양배추 겉면에 생겨난 곰팡이 같은 자국을 보며 당
황스러움을 겪었을 것이다. 이것은 곰팡이가 아니라, 양배추가 산소와 만나서 갈
변한 것이다. 거뭇거뭇해진 부분은 잘라내고 쓰면 된다. • 보관: 양배추는 1/4조
각으로 잘라서 냉장 보관하거나, 한 잎씩 잘 씻은 후 썰어서 얼려준다. 통으로 보
관할 경우, 양배추의 심 부분부터 먼저 상하게 되므로 심을 쏙 피내주어야 한다.
심을 파낸 자리에 물에 적신 키친타월을 넣어두면 양배추가 수분을 빨아들여 신
선함이 오래 유지된다.

## 양파

—

• **활용도**: 양파는 특유의 맛이 강하지 않아서, 어떤 요리의 부재료로 들어가도 잘 어울린다. 생으로 먹으면 매운맛이 있지만 가열하면 단맛이 나므로, 볶음이나 전을 해 먹기도 좋다. • **보관**: 양파는 수분 때문에 그냥 냉장고에 보관하면 금방 물러지게 된다. 일회용 비닐이나 랩, 신문지 등으로 하나씩 감싸서 넣어두면 4주 정도 신선하게 보관할 수 있다.

## 돼지고기

—

• **활용도**: 구이용이라면 기름기가 적은 목살이 원룸에서 조리하기에 더 적절하다. 불고기나 양념용으로는 저렴한 앞, 뒷다릿살을 이용하면 된다. • **보관**: 고기는 한 줄씩, 혹은 쓸 만큼 조금씩 냉동해서 보관해야 나중에 사용하기 쉽다. 오래 냉동해서 질겨진 고기는 수육을 하면 맛있게 먹을 수 있다.

## 대파, 청양고추

—

국이나 찌개 등 요리를 할 때 필수 재료인 대파와 청양고추. 둘 다 적당한 크기로 썰어서 냉동에 보관하면 된다. 한 번 사서 얼려놓으면 몇 개월은 걱정 없이 쓸 수 있다.

## 주의할 점

—

여기까지 읽으면, 아니 무슨 냉동에 이렇게 채소가 많아? 라는 의문이 든다. 모든 채소를 한번에 두는 것이 아니라, 그때그때 필요한 것들을 사서 바르게 손질하고 보관하도록 하자. 또한, 채소를 냉동한다 = 평생 쓴다가 아니라는 점을 항상 기억해야 한다. 냉동해도 최대한 빨리 쓰는 것이 좋다. 그리고 냉동 시에는 아무래도 식감이 조금씩 변하기 때문에 조리해서 먹는 것이 좋다. 여기에 나온 채소들은 모두 냉동 후 별도의 해동 없이 바로 조리해서 먹을 수 있다. 냉동 전, 꼭 필요한 모양으로 미리 썰어뒀다가 바로 조리에 사용하도록 하자.

*Tip.*

• **냉동하다 보니 채소가 너무 많이 쌓여버렸다면?** 한 번에 넣고 카레를 해버리면 된다. 그냥 썰어둔 채소 다 넣고 카레가루랑 끓이면 완성이다. 양파나 오이 등의 채소는 간장과 식초를 넣고 끓여서 장아찌를 만들 수도 있다.

## 통조림 참치, 햄

–

그냥 먹을 수도 있고, 요리에 활용하거나 찌개도 끓일 수 있는 만능 식품. 한 번 개봉하면 캔에서 산화가 일어나게 되므로, 먹고 남은 음식은 캔에 그대로 보관하지 말고 다른 용기에 옮겨 냉장 보관하도록 하자.

## 만두

–

만둣국, 군만두, 찐만두, 만두밥, 만두라면 등등 활용도가 높으므로 냉동에 두면 다양한 요리를 할 수 있다.

## 소면

–

간장국수, 비빔국수 등 간단한 한 끼 식사로 먹기 좋다.

## 라면

–

자세한 설명은 생략해도 되는 싱글족의 친구. 식초, 달걀, 만두, 콩나물, 치즈 등을 넣고 여러 응용이 가능하다.

## 빵

–

빵은 실온에 보관하면 금방 곰팡이가 피고, 그렇다고 냉장 보관하면 수분이 다 말라버린다. 냉동에 얼려두었다가 해동하면 처음 산 맛 그대로 먹을 수 있다.

# PLUS : 요리 초보의 소소한 궁금증 리스트

요리를 처음 할 때를 돌이켜보면, 정말 기초적인 것 하나하나가 막막하고 새로웠던 것 같다. '꼭 이런 과정이 필요해?' 싶은 것들도 많았다. 그래서 아주 기초적인 질문들을 모아보았다.

—

• **불 조절이 중요한 이유?** 기름 온도가 너무 낮으면 기름이 음식에 다 스며들어서 눅눅해지고, 기름 온도가 너무 높으면 음식이 다 타버린다.

• **쌀을 씻는 이유?** 쌀에 남아있는 먼지, 이물질, 혹시 있을 수 있는 쌀 벌레를 씻어낼 수 있다. 또 쌀은 냄새가 배기 쉬운 곡물인데, 쌀에 있는 비린내 역시 씻으면서 제거된다.

• **고기를 우유에 재우는 이유?** 우유가 고기의 잡냄새를 흡수해주고, 고기의 육질도 부드럽게 해준다. 소주나 후추 등에 재워도 효과를 볼 수 있다.

• **감자 전분을 빼는 이유?** 감자볶음이나 튀김 등의 요리를 하려면, 감자를 썬 후 찬물에 10분 정도 담가서 전분기를 제거한다. 전분을 빼지 않으면 끈적끈적한 전분 때문에 서로 들러붙기 때문이다.

• **양파를 찬물에 담그는 이유?** 양파를 찬물에 담가두면 양파의 매운 성분이 빠져나가서 생으로도 아삭하게 먹을 수 있다.

• **달걀 알 끈을 제거하는 이유?** 달걀노른자를 잡아주는 알 끈의 정체는 바로 단백질 덩어리다. 달걀말이나 달걀찜 등 달걀을 풀어서 조리하게 되는 경우 표면을 매끄럽고 예쁘게 만들기 위해서 젓가락으로 알 끈을 제거해 주곤 한다.

• **요리하거나 밥 지을 때 수돗물을 사용해도 될까?** 어차피 조리하면서 끓이게 되므로 수돗물을 사용해도 상관없다.

## [올바른 요리도구 고르기]

### 프라이팬

—

• **종류**: 코팅 프라이팬, 스테인리스 프라이팬.

코팅 프라이팬의 경우 무게가 가볍고, 잘 눌어붙지 않아 초보도 사용하기 쉽다. 다만 쓰다 보면 코팅이 벗겨지며 유해물질이 발생하게 된다. 그러므로 코팅 프라이팬을 사용할 때는 금속으로 된 조리도구 대신 실리콘이나 나무로 된 조리 기구를 사용해야 코팅이 덜 벗겨진다. 또 프라이팬을 씻을 때도 철제 수세미 대신 스펀지나 천 소재를 사용해야 한다. 코팅 프라이팬의 경우 비싼 제품을 구매해도 결국 코팅이 벗겨지게 되므로, 차라리 적당한 가격의 프라이팬을 사서 자주 바꿔주는 것이 좋다. 스테인리스 프라이팬은 유해물질이 발생하지 않고, 관리만 잘한다면 반영구적으로 사용할 수 있다. 하지만 무게가 다소 무겁고, 사용법이 약간 까다롭다는 단점이 있다. 스테인리스 프라이팬은 조리 전에 예열 과정을 통해 충분히 팬을 달궈주어야 음식물이 눌어붙지 않는다.

*Tip.*

• **스테인리스 프라이팬 예열 확인법**: 약한 불에 프라이팬을 달군다. 여기에 물을 한 방울 튀겨봤을 때 물방울이 퍼지거나 증발하지 않고 또르르 굴러간다면 제대로 예열된 것이다.

### 냄비

—

• **재질**: 코팅, 스테인리스 **종류**: 편수 냄비, 양수 냄비

프라이팬과 달리 음식물이 눌어붙을 일이 거의 없으므로, 스테인리스 제품을 사

용하면 냄비를 더 오래 쓸 수 있다. 이때, 바닥만 두툼한 냄비와 통으로 두툼한 냄비가 있는데, 인덕션이나 전기레인지는 바닥만 두툼한 것을 사용해도 되지만 가스레인지의 경우 불로 인해 스테인리스 재질이 탈 수 있으므로 통으로 두툼한 것이 좋다. 손잡이가 양쪽에 달린 양수 냄비는, 편수 냄비보다 모양은 예쁘지만 손잡이를 집었을 때 뜨겁다는 단점이 있다. 길쭉한 손잡이 하나가 달린 편수 냄비는 손잡이가 뜨겁지 않고, 한 손으로 들 수 있기에 양수 냄비보다 간편하다. 다만 냄비 채로 내어놓기에 모양은 안 예쁜 편이다. 냄비의 크기는 14~16cm 정도면 혼자 쓰기에 적당하다. 이 정도 크기면 보통 '라면 냄비'라고 생각하는, 라면 1~2개를 끓일 수 있는 정도의 크기이다.

## 조리도구

—

• **재질**: 스테인리스, 실리콘, 플라스틱, 나무

프라이팬에 사용하게 되는 뒤집개나 볶음 주걱의 경우, 스테인리스 재질은 프라이팬에 흠집을 내게 되므로 실리콘이나 나무 재질을 사용하는 것이 적절하다. 플라스틱 재질의 조리도구는 고온에서 환경호르몬이 발생할 수 있으므로 피하는 것이 좋다.

## 도마

—

• **재질**: 플라스틱, 실리콘, 나무

플라스틱 도마는 가볍고 저렴하지만, 칼질 때문에 흠집이 날 경우 미세한 플라스틱 조각들이 생긴다. 나무는 수분을 많이 흡수할 경우 사이사이에 세균이나 곰팡이가 번식할 수도 있다. 실리콘 혹은 옻칠이나 코팅을 한 나무 도마의 경우 이런 위험에서 비교적 안전하다.

## [요리가 쉬워지는 팁]

며칠 전 집에 돌아오는데, 원룸 건물 현관에 굵은 글씨로 공지가 붙어있다. 뭘까, 하고 들여다보니 다음과 같은 내용이다. ─음식 조리 시 나는 연기로 인해 화재경보기 발동이 잦습니다. 조리 시에는 음식이 타지 않도록 주의를 기울여 주세요─ 화재경보기 작동이라니, 누군가 요리를 거하게 태워먹었나 보다. 요리가 서툰 싱글족들은 까맣고 형체 없는 무언가를 프라이팬 위에서 자주 발견하게 된다. 분명 레시피대로 따라 했는데 완성된 괴식을 보고 있으면 대체 무슨 일이 일어난 건지 의문스럽다. 몇 가지 아이템을 활용하면 난감한 상황을 쉽게 해결할 수 있다.

### 종이 호일의 다양한 이용 방법

─

• **기름 많은 고기, 냄새 심한 생선 구울 때:** 고기 전용 팬이 없는 상황에서 고기를 구우면, 기름과 냄새 때문에 고생하곤 한다. 종이 호일을 팬에 올려 고기를 구우면 호일이 기름을 흡수하기에 기름이 사방으로 튀지도 않고, 냄새도 확실히 덜하다. 설거지도 간편해지는 장점이 있다. 이때 불이 너무 세면 종이 호일이 탈 수 있으니 중불에서 조리해야 한다.

• **남은 음식 데울 때:** 고기나 전, 남은 치킨 등, 이미 기름기가 많은 요리를 데울 때, 프라이팬에 기름을 두르고 있으면 보기만 해도 느끼한 기분이 든다. 그렇다고 기름을 두르지 않으면 다 타버리곤 한다. 이럴 때 종이 호일을 깔고 전이나 고기를 데우면 기름 없이도 음식을 데울 수 있다.

• **양념 요리할 때:** 양념 요리를 하고 나면 프라이팬에 양념이 다 눌어붙고, 이걸

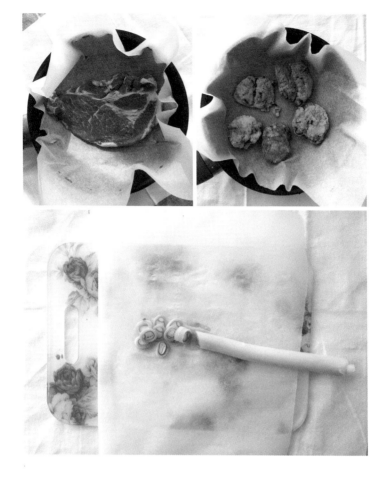

설거지하는 건 힘들기도 하거니와 금방 수세미와 주방이 어지러워지고 만다. 종이 호일을 깔면 고추장 불고기나 닭강정 등의 요리를 해도 프라이팬을 깔끔하게 사용할 수 있다.

• **도마 사용할 때:** 도마에는 각종 세균이 번식하기 쉽다. 육류와 채소류 도마는 딜리 써야 위생상 좋기도 하다. 이럴 때 종이 호일을 한 장 깔고 썰어주면 도마를 좀 더 위생적으로 쓸 수 있다. 김치를 잘라도 도마에 김치 물이 들지 않으니 설거지도 더 쉽다.

거품기로 쌀 편하게 씻기

—

씻기는 아무리 해도 귀찮고 싫다. 찬 물에 손을 넣고 씻기는 싫고, 그렇다고 따뜻
한 물을 쓰자니 온수가 아깝다. 이럴 때 거품기를 사용하면 손 안 대고도 쌀을 씻
을 수 있다. 그냥 밥솥에 쌀과 물을 넣고, 거품기로 휙휙 저어주기를 반복하면 된
다. 이때, 쌀은 한 번 받은 물로 오래오래 씻지 말고, 짧은 시간 가볍게 씻어준 후
물을 버리기를 3~4번 정도 반복하자.

감자 필러로 채 썰기

–

감자 필러는 감자껍질 벗길 때만 사용되는 것이 아니다. 감자 필러로 양배추를 깎아 주면 간단하게 양배추를 채 썰 수 있고, 사과 등 과일껍질도 쉽게 깎을 수 있다.


전자레인지로 감자 쉽게 삶기

–

그릇에 잘 씻은 감자를 넣고, 2/3 정도 잠길 정도로 물을 부어준다. 전자레인지 출력에 따라 8~10분 정도 돌려준다. 젓가락으로 찔러봤을 때 막힘 없이 푹 들어가면 다 익은 것이다.

# 2

## 실전 요리법

비록 식탁 위에 수저 한 벌이지만 마냥 외롭지만은 않다. 북적거리는 가족들과의 식탁과는 달리, 1인 가구의 식탁에는 내게 꼭 맞는 것들과 여유로 가득하다. 다양한 재료가 없어도, 요리할 시간이 없어도, 뛰어난 요리 실력이 없어도 괜찮다. 간단한 레시피에 내가 좋아하는 것들을 듬뿍 넣어 다른 이가 아닌, 오직 나만을 위한 식탁을 차려보자.

# [15분 완성, 한 그릇 요리]

짧은 시간, 쉬운 레시피, 적은 설거짓거리를 자랑하는 요리들. 집 앞 도시락집에 가서 사 오는 시간보다 더 짧은 시간 안에 만드는 게 목표!

치킨마요

—

누구나 한 번쯤 사 먹어 봤을 모 도시락 가게의 치킨마요 덮밥이다. 치킨 양껏 넣고 만들어 보았다.

───────

• **재료**: 치킨너겟(혹은 남은 치킨), 달걀, 김
• **소스**: 간장, 설탕

───────

달걀은 스크램블 해준다. / 치킨너겟을 튀긴 후, 먹기 좋게 세 조각 정도로 잘라준다. / 간장 3 : 설탕 1 정도로 섞어서 간단하게 간장소스를 만들어 준다. / 뜨끈한 밥 위에 달걀, 치킨, 김, 소스를 넣고, 마요네즈도 살살 뿌려주면 완성!

*Tip.* ────

• **레시피 업그레이드**: 스팸을 넣으면 스팸마요, 참치를 넣으면 참치마요, 돈가스를 넣으면 돈가스마요가 된다.

참치 양파 볶음밥

—

• **재료:** 참치, 양파, 달걀

먼저 달걀을 스크램블 해서 다른 그릇에 옮겨둔다. / 양파가 투명해질 때까지 볶아준다. / 양파에 밥과 참치를 넣고 간장을 조금 넣어서 간을 한다. 마지막에 스크램블 에그도 넣어주면 완성!

*Tip.*

• **레시피 업그레이드:** 찬물에 10분 정도 담가 매운맛을 뺀 양파에 마요네즈를 버무린 양파 샐러드를 곁들이면 더 맛있다.

삼겹살 덮밥

—

나름대로 일식 느낌이 나는 차슈동이다.

————
• 재료: 삼겹살, 대파, 간장, 굴 소스, 올리고당(물엿이나 설탕), 다진 마늘

————
삼겹살을 굽는다. / 익은 고기를 자른 후, 소스와 다진 마늘을 넣고 끓여서 졸인
다. 소스는 간장 2, 올리고당 1의 비율에 굴 소스도 소량 넣어준다. / 양파나 대파
를 함께 곁들이면 느끼하지 않다.

*Tip.*————
• 레시피 업그레이드: 데리야끼 소스나 국시장국을 사용하면 더 일식에 가까운
맛으로 완성된다. 가쓰오부시 국시장국의 경우 시중에서 쉽게 구매할 수 있고, 데
리야끼 소스는 '간장+설탕+맛술+양파' 등을 넣고 끓여서 만들면 된다. 졸일 때
양파나 마늘을 같이 넣으면 굴 소스를 생략해도 깊은 맛의 소스가 된다.

양파 덮밥

—

중화요리스러운 맛과 향이 나는 한 그릇 요리.

---

• 재료: 양파, 간장, 고춧가루

---

양파 반 개를 썰어서 볶아준다. / 양파가 투명해질 때쯤, 간장 한 스푼과 고춧가루 반 스푼을 넣고 마저 볶는다. / 달걀 프라이도 하나 곁들여 주면 끝!

*Tip.*

• 레시피 업그레이드: 고기류, 소시지, 베이컨, 스팸과 함께 볶아서 만들기, 당면 넣고 만들기, 양배추나 버섯과 함께하기, 참치 넣기 등 웬만한 재료와 다 잘 어울리는 요리이다. 냉장고에 남는 재료가 있다면 양파와 볶아서 덮밥을 만들어 보자.

까르보나라 밥

—

마냥 느끼하지 않은 한 그릇 요리이다.

---

• **재료**: 우유, 치즈, 베이컨, 양파, 고춧가루, 후추, 소금, 청양고추

---

팬에 우유와 슬라이스 치즈 두 장을 넣고 치즈가 녹을 때까지 끓인다. / 양파, 베이컨, 청양고추, 고춧가루 조금을 넣고 더 끓이다가 밥도 넣고 볶아준다. / 청양고추가 들어가서 치즈의 느끼함을 적절하게 잡아주는 크림치즈 밥 완성!

*Tip.* ———

• **레시피 업그레이드**: 스파게티 면으로 응용하면 까르보나라 파스타가 된다.

삼겹살 비빔밥

—

냉장고 속 채소를 몽땅 넣고 만들 수 있는 비빔밥이다.

---

• 재료: 삼겹살, 채소, 고추장, 참기름

---

고기는 구워서 잘게 잘라준다. / 새싹, 상추, 깻잎 같은 채소나, 냉장고에 있는 나물들을 올린다. / 삼겹살을 올리고, 고추장과 참기름도 한 스푼씩 넣으면 완성!

김치 참치 볶음밥

—

요리 바보도 절대 실패하지 않는 김치볶음밥의 바이블 레시피이다.

• 재료: 김치, 참치, 물엿(혹은 설탕), 고춧가루, 달걀

잘게 썬 김치 반 공기, 참치 한 캔, 물엿 한 스푼, 고춧가루 2/3스푼을 넣고 볶는다.
/ 김치가 익었을 때쯤 밥을 넣고 볶아준다. / 달걀 반숙을 하나 올려주면 완성!

토마토 달걀 스크램블

—

흔히 설탕과 곁들여 먹곤 하는 토마토는, 사실 소금과 함께 먹어야 영양소가 보존 된다고 한다. 토마토 달걀 볶음은 만들기도 쉽고, 영양가도 있는 음식이다.

• 재료: 큰 토마토 1개, 달걀 2개, 소금

먼저 달걀은 스크램블을 하되, 완전히 익히지 말고 반만 익힌다. / 토마토는 크기 에 따라 8~12 등분한다. / 자른 토마토를 수분을 날린다는 느낌으로 볶아준다. / 이후에 스크램블 에그를 넣고 실짝 더 볶아주면 완성! / 밥 위에 덮밥 느낌으로 올 려준다.

*Tip.*

• 레시피 포인트: 토마토를 볶다가 달걀을 깨 넣고 볶으면 토마토의 수분 때문에 축축한 볶음이 되어버리기 때문에, 꼭 스크램블을 따로 만들어 주는 것이 좋다.

간장 계란밥

—

별다른 준비물이 필요 없는 간단 요리의 정석.

---

• **재료:** 간장, 달걀, 밥, 버터 혹은 참기름

---

달걀 프라이를 하나 해 준다. 이때 노른자를 살짝 덜 익히는 것이 핵심. / 따뜻한 밥 위에 프라이와 버터 한 조각을 넣고 비빈다.

*Tip.* ___

• 레시피 업그레이드. 버디가 없으면, 참기름이나 마요네즈를 넣으면 된다.

냉동 만두밥

―

냉동고 속 잠든 만두로 특별한 요리를 해보자.

───────

• 재료: 냉동만두, 김

───────

냉동만두를 접시에 담고, 물을 살짝 뿌려준다. 이대로 전자레인지에 3분 정도 돌려주면 만두가 익는다. / 간장 한 스푼, 참기름 한 스푼을 넣는다. / 따뜻한 밥을 넣고, 만두를 으깨며 섞는다. / 김 가루를 살짝 뿌려준다.

*Tip.*───────

• 레시피 업그레이드: 고추장 양념을 하거나 청양고추를 살짝 넣어주면 매콤한 만두밥이 된다. 김치만두 등 다양한 만두로 만들어도 특별한 맛이다.

## [바쁜 싱글족을 위한 "오늘 아침 뭐 먹지?"]

아무리 부지런한 사람도, 혼자 살면 '아침'이라는 시간이 홀연 사라지는 신기한 경험을 하게 된다. 시간도 없고, 입맛도 없고, 깨워 주는 사람도 없는데 귀찮게 설거짓거리만 만드는 것 같고. 그럴 바에야 10분 더 자고 출근하는 게 낫다는 생각이다. 하지만 건강과 두뇌 회전을 위해서라도 아침은 꼭 먹는 게 좋다. 바쁨과 귀찮음이 핑계라면, 귀찮지 않게 간단하게 먹을 수 있는 아침 식단을 준비해 보자.

### 조리 없이 먹을 수 있는 아침 대용 식품

—

- **과일**: 사과 한 개, 바나나 한 개 등 아침에 과일 하나만 잘 챙겨 먹어도 건강한 아침을 시작할 수 있다.
- **두유**: 우유와 달리 두유는 상온에서도 비교적 오랜 기간 보관할 수 있고, 우유보다 포만감도 뛰어나다. 팩 두유를 한 박스 사 두면, 아침에 한 팩씩 먹기 좋다.
- **떡**: 떡은 냉동으로 보관해 두고 아침에 전자레인지로 살짝 해동해 먹으면 된다. 든든한 포만감도 들고 맛도 있으므로 아침으로 좋다.
- **요플레**: 떠먹는 요플레에 과일이나 건과류를 곁들여 먹으면 된다.
- **시리얼**: 따로 조리할 필요 없이, 시리얼과 우유만 있으면 한 끼가 되므로 간편한 식사대용으로 많이 먹는 음식이다. 다만 시리얼 중에는 별 영양가 없이 당분만 높은 제품이 많으므로, 성분을 잘 보고 선택해야 한다. 조금 비싸지만, 건강을 생각한 무슬리를 먹는 것도 괜찮은 방법이다.
- **컵스프**: 따뜻한 물에 타 먹기만 하면 되는 컵스프도 싱글족들에게는 간단한 아침 식사가 된다.

갈아먹는 주스

–

과일을 얼려 두었다가 갈아먹으면, 간단하고 건강한 아침 식단이 된다.

- **사과 양배추 주스**: 사과나 딸기, 바나나 등의 과일과 양배추를 함께 갈아 마시면 해독주스처럼 위장과 소화능력을 증진하는 효과를 볼 수 있다. 사과 덕분에 양배추의 쓴 맛도 나지 않아서 맛있게 먹을 수 있는 주스. 만드는 방법은 껍질을 잘 씻은 사과 반 개와 양배추를 잘라준다. 양배추는 1/4통 정도 넣고, 우유 반 컵과 꿀 혹은 설탕을 넣고 갈면 완성!

- **냉동 베리 스무디**: 블루베리나 딸기 등은 냉동해 두었다가 갈아 먹기 좋다. 블루베리 한 컵, 우유 한 컵, 소량의 설탕을 믹서에 넣고 갈면 끝이다.
- **오렌지 에이드**: 여름에 시원하게 마실 수 있는 오렌지 에이드이다. 오렌지 한 개는 껍질을 벗겨 준비하고, 잘게 잘라서 믹서에 갈아준다. 여기에 사이다 한 잔을 넣고 얼음도 동동 띄워주면 끝!
- **바나나 우유**: 먼저 바나나를 잘게 썬 후, 숟가락으로 으깬다. 중간에 꿀이나 설탕을 한 스푼 넣고 밀폐가 잘 되는 텀블러에 바나나와 우유를 넣고 흔들어 준다. 살짝 씹히는 바나나 과육 덕분에 속까지 든든한 바나나우유가 된다.

간단한 조리의 아침 식단

—

- 고구마, 삶은 감자, 삶은 달걀: 삶기만 하면 되고, 포만감도 드는 음식. 특히 고
  구마와 감자는 전자레인지를 통해 삶을 수도 있으므로 간편하다.
- 한식 레토르트: 가끔 일이 바쁜 날이면 마트에서 파는 레토르트 국, 찌개를 이
  용하곤 한다. 4천 원 내외면 한 팩을 구입할 수 있는데, 내용물을 그대로 끓이
  고, 두부나 냉동에 있는 채소 몇 개 정도만 넣어 주어도 훌륭한 식사가 된다.

# [늦은 주말 아침, 브런치]

오후가 될 무렵 느지막이 눈을 뜬 주말 아침, 거하게 차려 먹기는 귀찮고 대충 먹기는 싫을 때 쉽고 예쁘게 해 먹을 수 있는 토스트 요리들.

식빵 한 장 토스트

—

• **재료:** 식빵, 달걀, 베이컨, 치즈

먼저 식빵 가운데를 네모 모양으로 예쁘게 자른다. 파낸 속은 먹지 말고 옆에 잘 보관하기! / 팬에 식빵을 올리고, 가운데 구멍에 달걀을 깬다. / 베이컨과 치즈도 잘라서 넣어준다. / 어느 정도 달걀이 익으면, 아까 파낸 속을 뚜껑처럼 잘 덮어주고 살살 빠르게 뒤집는다.

초콜릿 토스트

—

시험 기간, 혹은 마감 기간에 며칠씩 밤을 새우다시피 하면 온몸이 축축 처지고 정신도 멍해진다. 이렇게 당분이 떨어지는 아침에 먹으면 좋은 초콜릿 토스트. 실제로 초콜릿에 포함된 단순당은 즉각적인 두뇌 회전에 도움이 된다.

• 재료: 식빵, 달걀, 초콜릿

먼저 달걀 한 개와 그릇에 우유 100ml를 넣고 잘 젓는다. / 식빵은 가장자리를 자르고 가운데에 판 초콜릿을 올린다. / 가장자리에 처음 만든 달걀 물을 살짝 바른 후 잘 붙도록 포크로 꾹꾹 누른다. / 달걀 물에 적셨다가 버터를 두른 팬에 구워주면 완성!

블루베리 토스트

–

냉동 블루베리로 콩포트를 만들어 곁들이는 프렌치토스트.

• 재료: 냉동 블루베리, 설탕, 달걀, 초콜릿

먼저 냉동 블루베리를 종이컵으로 한 컵 넣고, 설탕은 블루베리 양의 1/3정도 넣
은 후 약불에 조린다. / 달걀 1개, 우유 100ml, 설탕 한 큰술을 넣고 만든 달걀 물
에 식빵을 적신 후 구워준다. / 식빵 위에 식힌 블루베리 콩포트를 곁들이면 상큼
한 맛이 좋은 블루베리 프렌치토스트!

설탕을 넣고 졸인 과일을 의미히는 콩포트의 경우 시가 날 때 미리 만들어 냉장보
관 해두면 곁들여 먹기 좋다. 복숭아, 오렌지 등 여러 과일로도 만들 수 있다.

길거리 토스트

—

학창 시절, 길거리에서 자주 사 먹곤 했던 이천 원짜리 길거리 토스트. 고급스러운 맛은 아니지만, 중독성으로는 그야말로 따라올 자가 없는 맛.

----

• **재료:** 식빵, 치즈, 햄, 스위트콘, 양배추, 마요네즈, 설탕

----

식빵은 살짝 굽는다. / 달걀 한 개에 채를 썬 양배추 조금, 스위트콘 한 스푼을 넣고 섞은 후, 이대로 후라이팬에 전처럼 익힌다. / 길거리 토스트 맛의 핵심인 토스트 소스를 만들 차례. 한쪽 면에 마요네즈를 바르고, 그 위에 설탕을 뿌린다. / 따뜻한 달걀 위에 치즈를 올리고 그 위에 햄도 올린다. / 과일주스와 함께하면 완벽한 길거리 토스트 완성!

*Tip.*

----

• **야채스프레드:** 이것도 저것도 귀찮다 싶은 싱글족을 위한 소스. 이름 그대로 야채샐러드 맛이 나는 스프레드이다. 빵에 야채스프레드를 바르고, 햄 한 장만 올려도 든든한 샌드위치 맛이 난다.

핫케이크

–

예쁘게 만든 핫케이크 한 장이면 카페 부럽지 않다.

———

• **재료:** 핫케이크 가루, 우유, 달걀

———

설명서대로 핫케이크 반죽을 만들되, 우유량을 조금만 덜 넣어서 매뉴얼보다 살짝 된 느낌으로 만든다. / 프라이팬에는 기름을 두르지 않는다. 중불로 일정한 온도를 유지하고, 반죽에 기포가 7~9개 정도 올라왔을 때 뒤집어야 매끈한 핫케이크가 된다.

*Tip.*

• **레시피 포인트:** 코팅이 잘 안 된, 오래된 프라이팬일 경우 기름을 한 번 두르고 잘 닦아내서 코팅하는 과정을 거쳐야 한다. 일정한 온도 유지를 위해, 중간에 팬이 너무 달궈졌다 싶으면 불을 끄고 살짝 식혔다가 다시 굽는다.

[겨울을 위한 따끈따끈 스프 요리]

추운 날, 몸을 따뜻하게 녹여줄 스프 요리는 믹서기가 있으면 편하게 만들 수 있다.

고구마 스프

-

• 재료: 고구마, 우유, 꿀

중간 크기 삶은 고구마를 대충 으깬다. / 믹서기에 고구마+우유 종이컵 한 컵 반
+버터 반 스푼을 넣고 갈아준다. / 냄비에 넣고 살짝 데우면서 설탕, 소금으로 간
을 한다.

*Tip.* ___
고구마는 한꺼번에 삶아서 냉동해 놓으면 요리와 보관이 쉽다.

단호박 죽

–

• 재료: 단호박, 밥, 소금, 설탕

단호박은 잘 씻은 후 접시 위에 올려서 전자레인지에 15분 정도 돌려주면 말랑말
랑하게 변한다. / 뚜껑을 따고 적당한 크기로 자른 후 칼로 껍질을 벗겨준다. / 씨
는 버리고, 껍질은 감자칼로 쓱쓱 벗기면 속살만 남는다. / 믹서에 단호박 반 개,
물 두 컵, 밥 반 공기를 넣고 갈아준다. / 냄비에 넣고 따뜻하게 끓이면서 소금, 설
탕으로 기호에 따라 간을 한다.

감자 스프

-

• 재료: 감자, 양파, 우유, 슬라이스 치즈

삶은 감자 두 개는 대충 작게 썰고, 작은 양파 반 개는 얇게 썬다. / 양파는 살짝 갈색빛이 날 때까지 냄비에 한 번 볶아준다. / 감자와 우유 두 컵은 믹서에 넣고 갈아준다. / 양파를 볶던 냄비에 간 감자와 슬라이스 치즈 한 장을 넣고 끓이다가 후추와 소금으로 살짝 간을 한다.

# [든든한 저녁 한 상]

가끔 친구가 왔을 때, 간단한 집들이용으로도 좋은 요리들을 만들어 보자.

밀푀유 나베

-

고기로 만드는 따뜻한 나베요리는 추운 계절에도 좋고, 한 가지 요리로 풍성하게
즐길 수 있기에, 집들이 할 때도 좋다.

---

• 재료: 삼겹살, 배추, 간장, 소금, 청양고추, 굴 소스, 다진 마늘

---

먼저 도마에 배추를 깔고, 그 위에 고기를 올리고, 다시 배추를 올리기를 반복한
다. / 이 배추를 3~4등분으로 자르고 이후 냄비 안에 차곡차곡 쌓아준다. / 생수
를 붓고, 굴 소스를 조금 넣고 끓인다. / 배추가 끓으면 물이 나와 싱거워지므로,
마지막에 다시 맛을 보고 취향에 맞게 간을 맞추며 20분 정도 끓여준다. / 간장,
굴 소스, 다진 마늘을 넣고 간단하게 소스도 만들어 준다.

*Tip* ___

• 레시피 포인트: 삼겹살 이외에 다른 부위도 고기를 정육점에서 얇게 썰어 와서
사용할 수 있다. 배추 사이에 깻잎, 버섯, 숙주나물 등 올 넣어주면 훌륭한 전골 요
리가 된다. 남은 육수에 칼국수 면이나 밥을 넣어 국수나 죽으로 먹을 수도 있다.

깔루아포크

-

하와이식 찜요리. 하와이에서 '깔루아'는 '감싸다'는 뜻이다.

• 재료: 돼지고기 500g, 양배추 반 통, 소금, 후추

고기에는 소금과 후추를 충분히 뿌려 밑간을 한다. / 양배추 뿌리 쪽 두꺼운 부분을 바닥과 벽에 깔아서 밥솥 내부를 감싸도록 하고, 그 위에 닭을 올려준다. 맨 위에도 양배추를 충분히 덮어주고, 이대로 취사시키고 기다리면 완성!

*Tip.*

• 레시피 포인트: 기호에 따라 고추나 마늘, 양파를 첨가한다. 양배추에서 나오는 물로 끓이는 요리이기 때문에 물은 따로 넣지 않는다.

• 레시피 업그레이드: 돼지고기는 기름기 있는 부위로 선택한다. 이외에 닭고기, 오리고기 등 다양한 고기로 도전할 수 있다.

콜라 수육

-

돼지고기 보쌈도 쉽게 할 수 있는 비법! 콜라와 간장 덕분에 달달 짭짤한 맛이 돌아서 따로 소스도 필요 없다.

_____

• 재료: 콜라, 간장, 수육용 돼지고기, 양파, 마늘

_____

콜라 3 : 간장 1 비율로, 삼겹살이 잠길 정도로 부어준다. 후추도 톡톡 뿌린다. / 마늘 여섯 개, 양파 반 개를 넣는다. 대파나 청양고추, 생각 등도 넣으면 좋다. / 냄비 뚜껑을 닫고 40~50분 정도 충분히 끓여준다. / 불을 끄고 살짝 식힌 후 적당한 두께로 썰어준다.

## 세프 스타일의 스테이크

-

• 재료: 스테이크용 고기, 버터, 후추, 통마늘, 아스파라거스 등 곁들일 야채

---

고기는 요리하기 20분 전 상온에 꺼내두고 후추와 소금을 뿌려 시즈닝을 해둔다. / 프라이팬에 오일을 두르고 팬을 충분히 달군다. / 고기를 넣고 1분 후 뒤집는다. / 마늘과 버터를 넣고, 1분 간격으로 뒤집어준다. / 스푼을 이용해 버터기름을 고기에 끼얹는다. / 두께 2cm 이상의 고기일 경우, 한 면 당 2분씩, 총 4분 조리하면 미디움 정도의 굽기가 된다. / 호일에 감싸 5분 정도 레스팅*을 하고, 레스팅을 하는 동안 곁들일 야채를 굽는다.

*Tip.*

---

*레스팅이란? 실온에 고기를 이완시켜 모여 있는 육즙이 골고루 퍼질 수 있도록 하는 작업. 레스팅을 하지 않으면 썰었을 때 육즙이 다 빠져나와 버린다.

치즈 과자

-

• 재료: 슬라이스 치즈, 종이호일

종이호일을 깐 접시 위에 적당한 간격을 두고 자른 치즈를 올려준다. / 이대로 전자레인지에서 1분 정도 돌리면 고소하고 짭짤한 치즈 과자가 완성!

요플레

-

• 재료: 요구르트, 우유

___

우유와 요구르트를 10 : 1 비율로 섞어준다. / 전자레인지에 3분 돌린 후, 8시간 정도 그대로 숙성시킨다. / 과일이나 딸기잼, 견과류와 함께하면 더 좋은 떠먹는 요플레 완성!

*Tip.* ___

• 레시피 포인트: 완성된 요플레를 다 먹고 3스푼 정도 남았을 때, 다시 통에 우유를 붓고 3분 정도 돌려주면 새 요플레가 된다.

초코 브라우니

-

• 재료: 핫초코 가루, 달걀, 밀가루, 우유

핫초코 가루 60g, 달걀 한 개, 밀가루 한 스푼, 우유 두 스푼을 넣고 섞어준다. / 전
자레인지에 3분 정도 돌리면 끝! / 꾸덕꾸덕하면서도 촉촉해서, 싸는 디저트 부럽
지 않은 브라우니가 완성!

# [맥주 안주 튀김 요리]

자기 전 혼자 한 잔씩 마시는 맥주야말로 싱글족의 낙이라고 할 수 있다.

## 만두피 튀김

-

• **재료**: 만두피, 설탕, 계피가루

_____

만두피를 4등분 한다. / 기름을 두르고 튀기듯 익혀준다. / 이대로 먹어도 바삭바삭 고소하지만, 설탕을 뿌리면 달달한 과자 맛이 난다.

*Tip.*_____

여기에 설탕과 계피가루까지 솔솔 뿌리면 츄러스 맛 나는 만두피 튀김이 완성된다.

## 스파게티 튀김

-

• **재료**: 스파게티 면, 설탕, 소금

_____

스파게티 면을 반으로 부숴준다. / 기름을 두르고 갈색빛이 될 때까시 실짝 튀겨낸다. 정말 순식간에 익으므로 방심하지 말고 건져낸다. / 기호에 맞게 조미료를 뿌린다.

*Tip.*_____

그냥 간식용으로는 설탕이, 안주용으로는 소금이 어울리는 맛이다.

통조림 햄 튀김

-

• 재료: 통조림 햄, 밀가루, 달걀, 빵가루

햄 통조림을 꺼내서 스틱 모양으로 잘라준다. 너무 짠 게 싫다면 햄을 한 번 물에 데쳐서 염분을 뺀다. / 다음, 튀김의 기본인 밀 달 빵(밀가루-달걀-빵가루)을 입힐 차례. 밀가루 한 스푼과 스팸을 봉투에 넣고 휙휙 흔들면 적절히 밀가루가 입혀진다. / 이후 달걀에 한 번 담갔다가, 빵가루도 입혀주고, 잘 돌려가면서 튀긴다.

닭가슴살 크래커 튀김

-

• 재료: 닭가슴살, 크래커, 마요네즈, 고춧가루

닭안심이나 닭가슴살을 준비해서 적당한 크기로 잘라준다. / 소주 + 후추에 잠시 재워서 비린내를 제거한다. / 마요네즈와 고춧가루 반 스푼을 쉬어준다. / 크래커는 봉투에 넣고 부숴준다. / 잘라놓은 닭에 마요네즈 + 고춧가루 섞은 것을 살짝 바른 후 크래커도 입힌다. / 기름을 두른 팬에 튀겨주면 완성!

*Tip.*

덩어리들이 조금 남게 부수면 바삭한 식감이 더 도드라진다.

## [스트링 치즈 안주 요리]

맥주에도, 와인에도, 소주에도 잘 어울리는 고퀄리티 치즈 안주도 간단하게 만들 수 있다.

### 오지치즈감자 만들기

-

패밀리 레스토랑의 베스트셀러인 오지치즈감자를 편의점 과자로 따라 할 수 있다.

---

- **재료: 감자 과자, 스트링치즈**

---

과자를 그릇에 담고, 스트링치즈를 최대한 얇게 찢어서 올려준다. / 전자레인지에 돌려주면 간단하게 완성된다.

## 치즈스틱 만들기

-

• **재료:** 식빵, 스트링치즈, 달걀

---

빵을 믹서기에 넣고 갈아주면 빵가루가 만들어진다. / 스트링치즈를 달걀물에 적셨다가 빵가루에 굴려서 튀겨 준다.


## 베이컨 치즈말이

-

• **재료:** 베이컨, 치즈

---

치즈에 베이컨을 두른다. / 그대로 프라이팬에 구우면 끝이다.

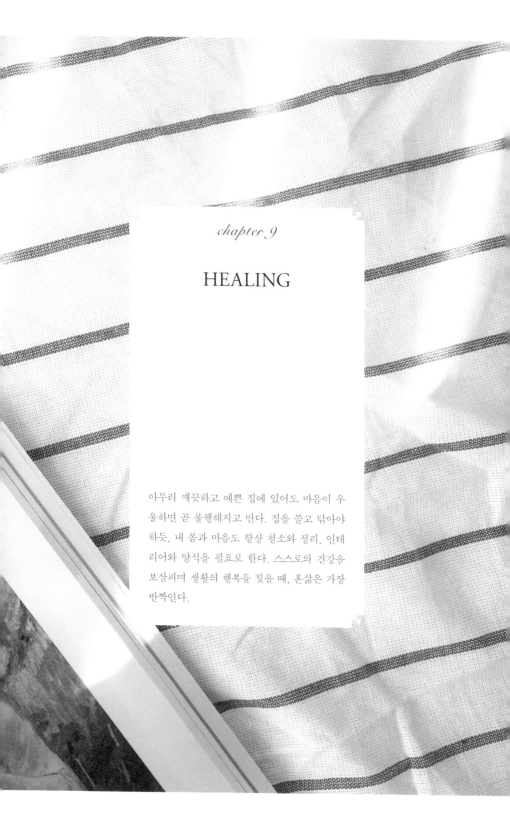

*chapter 9*

# HEALING

아무리 깨끗하고 예쁜 집에 있어도 마음이 우울하면 곧 불행해지고 만다. 집을 쓸고 닦아야 하듯, 내 몸과 마음도 항상 청소와 정리, 인테리어와 양식을 필요로 한다. 스스로의 건강을 보살피며 생활의 행복을 칯을 때, 혼삶은 가장 반짝인다.

# 1

## 싱글족의 외로움 극복법

'혼자 살기'의 가장 힘든 점은 무엇일까? 귀찮은 빨래도, 어려운 요리도, 서툰 청소도 힘든 일이지만, 다른 무엇보다 가장 큰 비중을 차지하는 것은 '살기'보다는 '혼자'에 방점을 찍은 심리적 허기일 것이다. 아무리 친구를 많이 만나고, 심지어 연애를 해도, 일단 이 방안에 나 혼자 있는 이상, 정말 아무 이유 없이, 그냥 시도 때도 없이 근본적으로 무기력해지고 외로워진다. 외롭다는 감정은 천천히 젖어 들기도, 그만큼 무뎌지기도 쉬워서, 어느 순간에는 자신이 현재 무기력하다는 사실조차 잊게 되고 만다.

머리는 아직 알아차리지 못했을지라도, 몸과 마음은 항상 외로움의 신호를 보낸다. 외로움의 대표적이고 가장 보편적인 증상은 아무리 먹어도 허기가 지워지지 않는다는 것이다. 이건 신체적인 문제가 아니라, 심리적 허기에서 오는 배고픔이다. 알 수 없는 허한 느낌에 항상 과식하게 된다.

평소에 찾지 않던 단 음식도 자꾸만 먹게 된다. 해가 지는 저녁 시간, 약속 없이 방에 홀로 있으면 더디게 가는 시간이 왜인지 견딜 수가 없어지고, 결국 목적 없이 밖을 배회하게 된다. 괜히 바쁜 사람처럼 학교 운동장을 빙빙 돌 거나, 공원을 기웃거린다. 밤이 되면 술을 찾지 않고는 쉽게 잠을 이룰 수 없다. 자꾸 혼자 술 한두 잔 마시고 잠자리에 드는 습관이 생긴다. 일과를 마치고 집에 돌아와, 현관문을 열면 느껴지는 싸늘한 공기 속으로 침잠하면, 누군가 이 집 안에서 나를 기다려주는 사람이 있었으면 좋겠다, 함께 야식을 먹으며 맥주 한 잔을 하면 좋겠다는 상상을 하며, 전에 없던 결혼에 대한 환상이 문득 떠오를 때도 있다.

이런 감정을 극복하기 위해 끊임없이 이런저런 시도들을 하는 것도 어느새 내 삶의 일부가 되었다. 가장 먼저 시도해 본 방법은 시끄러운 노래를 틀어놓거나, 재미있는 예능 프로그램을 보며 소란 속에 외로움을 묻어버리는 방법이다. 한바탕 웃고 나면 다시 활력이 생기며 밝은 에너지를 얻는 기분이 든다. 꼭 집중해서 시청하지 않더라도, 시끌벅적한 프로그램이나 노래를 틀어놓고 있으면 외로움이 덜어지는 기분이 든다.

그러나 때로 TV를 껐을 때 찾아오는 정적은 오히려 브라운관 너머의 행복과 현실의 괴리감을 증대시키기기도 한다. 저 안의 사람들은 저렇게 행복한데, 나는 여기서 혼자 무얼 하고 있나, 싶은 종류의 생각이다. 어느 순간엔 TV도, 누군가와 함께 봐야 재밌다는 사실을 깨닫게 된다. 한동안은 티비를 봐도 도대체 뭐가 웃기고 재미있는 건지 무감각해졌었다.

이런 반동으로, 조용함 속에 그대로 침잠함으로써 외로움을 덜어내기도 한다. 조용한 음악을 틀어놓고 책을 읽으면서, 혼자 있는 이 정적인 느낌을 즐기는 것이다. 실은 나만의 공간에서 아무런 방해 없이 즐기는 혼자만의 시간이야말로 싱글족이 누릴 수 있는 큰 특권 중에 하나다. 외로운 시간을

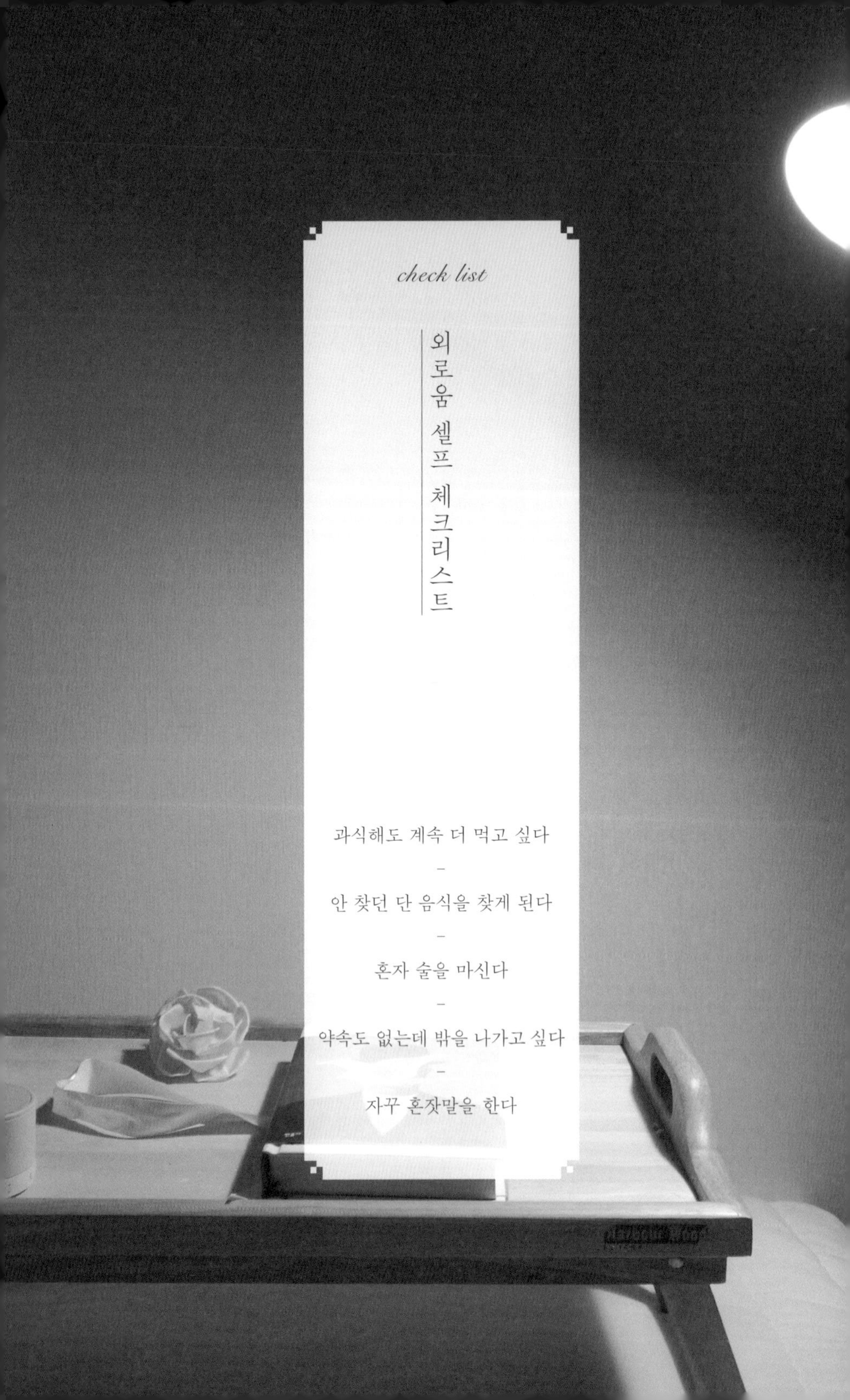

*check list*

외로움 셀프 체크리스트

과식해도 계속 더 먹고 싶다

-

안 찾던 단 음식을 찾게 된다

-

혼자 술을 마신다

-

약속도 없는데 밖을 나가고 싶다

-

자꾸 혼잣말을 한다

나에게 집중하는 시간으로 뒤바꾸는 것이다. 이럴 땐 책도 '삶, 외로움, 인생' 같은 주제의, 사색적인 책들을 추천한다. 읽으며 혼자 공감하고 있노라면 외로움도 초월할 수 있을 듯한 기분이 든다.

취미를 갖는 것도 외로움을 달래는 데에 도움이 된다. 특히 피포페인팅이나 컬러링북, 캘리북 등 극도로 집중할 수 있는 활동에 몰입하고 있으면 다른 생각이 하나도 들지 않는다. 음악을 랜덤으로 틀어놓고 피포페인팅을 하던 어느 새벽에는, 어느 순간 음악이 하나도 들리지 않는 나 자신을 발견하기도 했다. 이 외에도 퍼즐이나 레고, 네일아트 등 실내에서도 쉽게 즐길 수 있는 다양한 취미생활이 있다. 시각적인 결과물을 만들어 낼 수 있는 취미는, 작업 후 뿌듯한 충만감까지 주기 때문에 외로움을 잊는 데에 도움이 된다.

요리 역시 결과물을 만들어 내는 작업이다. 별 대단하고 근사한 요리를 하지 않아도, 일단 내가 요리를 만들어 냈다는 사실이 꽤 뿌듯하다. 특히 먹을 수 있는 결과물이기 때문에 스스로 나름대로 쓸모 있는 사람이 된 것 같기도 하다. 한동안 쿡방 열풍 속에서 〈냉장고를 부탁해〉나 〈한식대첩〉 같은 요리대결 프로그램을 틀어놓고 요리하기를 즐기기도 했다. 그런 걸 보고 있으면 나도 요리대결에 참가한 것처럼 괜히 프로페셔널하게 칼질을 하게 된다.

마음이 외로우면 몸도 아프다. 다음에는 몸이 아프기 때문에 마음이 더 무기력해진다. 이 사이클을 몇 번 반복하면 걷잡을 수 없는 우울의 늪에 빠지곤 한다. 집에 돌아오면 본능적으로 일단 침대에 눕게 되고, 잠시 타올랐던 의욕도 금세 사그라든다. 잠깐의 귀찮음을 꾹 참고 요가나 스트레칭 동영상을 하자만 따라 해 보자. 몸을 움직이면 어느새 활력이 돌고, 마음의 무기력함도 덜어진다. 특히 요가나 스트레칭은 몸뿐만 아니라 마음도 편

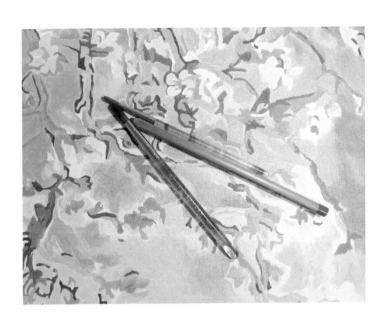

안하게 만들어 주기 때문에, 우울함과 단짝처럼 붙어 다니는 불안을 지우는 데에도 좋다.

외롭기 때문에 반려동물을 들이기도 한다. 그러나 언제까지 자취를 하게 될지도 불분명한 환경에서, 십 년 이상을 책임져야 하는 한 생명을 들인다는 것은 선뜻 자신이 서지 않는 일이다. 이럴 때 화초를 키우면 살아있는 생명체가 이 방 안에 나 말고도 또 있다는 데에서 오는 따뜻함을 느낄 수 있다. 초록빛 풀잎 덕분에 방도 한층 싱그러워지고, 쑥쑥 자라는 걸 보고 있으면 기특한 마음도 든다. 상추나 콩나물처럼 먹을 수 있는 식물을 키우면 실용성과 함께 특별한 즐거움도 느낄 수 있다. 다만, 화분이 시들시들 죽어버리면 마음이 더 우울해지므로 식물도 잘 돌봐 주어야 한다. 직사광선이 충분치 않다면, 비교적 그늘에서도 키우기 쉽고 손이 덜 가는 식물을 고르는 것이 바람직하다. 또 화분에는 벌레가 생기기 쉬우므로 주의해야 한다. 여러모로 다육식물이 키우기 편하다.

사실 나는 스포츠의 룰도 잘 모르고, 응원하는 팀도 없고, 꼬박꼬박 즐겨 보는 열성팬도 아니다. 그런데도 가끔 스포츠 중계방송을 보고 있으면 무미건조한 삶에 맥박이 뛰는 기분이다. 아마 스포츠가 주는 기쁨, 흥분, 슬픔, 아쉬움 등의 강렬한 감정이 주는 영향 때문이리라. 한편으로 응원하면서 보고 있으면 저 수백 명의 응원단 속에 속한 느낌, 한 가지 열망을 함께 느끼는 소속감이 들어 못내 마음이 따뜻해진다.

어느새 새삼 인식하기도 힘든 습관처럼 익숙해졌지만, 그렇다고 해서 완전히 무뎌지지도 않는 것이 외로움이라는 감정이다. 외로움은 어느 날 소리 없이 우리의 삶을 전복시킨다. 외로움을 극복하고 삶에 신선한 공기를 불어 넣으려는 노력이 계속되어야 하는 이유다.

# 2

## 혼자서도 안전하게 살기

밤은 내게 참 소중한 시간이다. 혼술도, 심야 영화도, 별인지 위성인지 하늘의 반짝이는 것들을 셀 때도 좋다. 적당한 취기와 말랑말랑한 감성이 공존하는 낭만적인 시간, 그러나 혼자 맞이하는 밤은 조금 두렵기도 하다.

혼자 살게 된 후 가장 많이 받은 질문은 다름 아닌 '안 무서워?'였다. 자취를 시작하면, 세상에 이렇게 여러 종류의 호신용품이 있다는 것, 이런 호신용품의 수요도 엄청나게 많다는 것, 그리고 호신용품이 필요한 위협은 의외로 사소한 순간에 찾아온다는 것을 차례로 깨닫게 된다. 농담으로 '벌레가 더 무서워, 전기세 고지서가 더 무서워'하며 웃곤 하지만, 치안에 대한 불안감은 혼삶과 떼어놓을 수 없다. 내 몸과 정신건강을 위해서라도 방범 지식을 갖춰 두는 것이 필요하다.

저층에 거주하는 경우 창문 출입이 쉬우므로 특별한 주의가 필요하다.

멋모르고 자취를 시작하던 시절 1층에서 살았었는데, 어느 날 범인의 눈으로 내 집 구조를 살펴보니 정말 아마추어 도둑이라도 쉽게 들어올 수 있을 것 같아서 식겁했던 적이 있다. 당연한 말이지만 외출할 때에는 창문을 꼭 잠가야 한다. 튼튼해 보이는 방범창도 의외로 쉽게 뜯기므로 너무 믿지 말자. 가끔 심하게 환기가 안 되거나 결로가 심각한 집은 불가피하게 외출 시 창문을 조금 열어두는 경우가 있는데, 이럴 때는 창문을 일정 길이 이상 열지 못하게 막는 창문 스토퍼를 구매해서 사용하는 것이 좋다. 평소 열지 않는 창문이 있다면 창문 경보기를 달아 창문이 열릴 시 벨이 울리도록 하면 된다.

월 이용료를 내고 홈 방범 서비스를 이용할 수도 있다. 외부인이 침입하면 감지기가 작동하고, 이를 전문 보안요원들이 24시간 감시하므로 쉽게 신고를 할 수 있다. 고양시 여성 홈방범 서비스, 수원시 우먼 홈 케어 서비스 등 신청자격이 맞는 경우에 한해 각 지자체에서 저렴한 가격으로 방범 서비스를 제공하기도 한다.

택배를 받는 순간은 짧은 찰나지만, 그래도 혼자 사는 방을 노출하는 건 꺼려지는 일이다. 택배로 속인 범죄가 아닐까 하는 불안감도 지울 수 없다. 부재중이라 문 앞에 방치된 택배는 송장에 내 개인정보를 고스란히 담고 있어 여간 찝찝한 게 아니다. 택배 한 번 받는 것도 큰 결심을 해야 했으니, 예전에는 의식적으로 택배를 안 시키려고 노력하기도 했다. 덕분에 강제적인 근검절약은 되었지만 영 불편하다고 느낄 무렵 안심 택배 보관함이라는 서비스가 등장했다. 집 근처 택배함으로 택배를 주문하면 범죄의 위험도, 개인정보 노출의 위험도 없다. 요즘은 전국적으로 확대되어 작은 시 단위에도 설치된 곳이 많다고 하니, 우리 동네 안심 택배함을 찾아보자.

이렇게 집 안을 안전하게 지키더라도 귀갓길은 여전히 걱정거리로 남는다. 꼭 늦은 밤이 아니더라도, 역에서 집까지 혼자 걸어오다 보면 맘이 편치 않다.

국민안전처에서 제공하는 생활안전지도 홈페이지에 접속하면 안전한 귀갓길을 한눈에 살펴볼 수 있다. 이 지도는 우리 동네에서 범죄가 자주 발생한 지역을 항목별로 알려주어 위험 가능성을 미리 차단하도록 도와준다. '안전 녹색길' 항목을 클릭하면 범죄 발생률이 높은 길을 피해 갈 수 있어서 유용하다.

서울시 여성 안심귀가 스카우트 제도나 수원시의 로드매니저 제도 등 귀갓길 동행 서비스를 운영하는 지자체도 있다. 밤늦은 시간에 혼자 귀가하는 여성들을 위해 안심 스카우트들이 집 앞까지 동행해준다. 동행 서비스를 사용할 수 없는 지역이거나 동행 서비스가 부담스럽다면 안심귀가 어플을 이용해보자. 사용자가 집에 도착할 때까지 지정한 사람에게 GPS 위치정보를 전송해주므로 마음 편하게 귀가할 수 있다.

생활을 패턴화하지 않는 것도 중요하다. 항상 같은 시간, 같은 역에 내려 같은 길로 귀가하는 생활패턴은 범죄의 표적이 되기 쉽다. 조금 귀찮더라도 집에 가는 여러 루트를 생각해 놓고 번갈아 다니는 것이 좋다.

무엇보다 중요한 건 위험이 닥쳤을 때 망설이지 않고 112를 누르는 신고 정신이다. 여의치 않을 때는 문자로도 신고할 수 있다. 직접적으로 큰 해를 당하지 않았더라도, 집 근처에서 수상한 사람을 목격해서 괜히 마음이 불안할 때도 있다. 이럴 때는 112에 순찰 요청을 할 수 있다. 신고는 나뿐만 아니라 이웃의 안전까지 지키는 일이므로 부담 갖지도, 망설이지도 말자. 혹시 모를 상황에 대한 작은 경계와 대비가, 오늘 밤의 안전과 낭만을 지켜 줄 것이다.

# PLUS : 귀갓길 호신용품 리스트

• **호신벨**: 위급 시 시끄러운 소리로 주변 사람들에게 구조를 요청할 수 있다. 큰 소리에 범인들이 심리적 압박감을 느껴 도망가는 효과도 있다.

• **호신스프레이 & 전기충격기**: 위급한 상황에 과연 내가 제대로 사용할 수 있을지 생각해 봐야 한다. 이런 호신용품을 범인에게 뺏길 경우 상황이 더 위험해질 수도, 오히려 상대방을 자극하는 결과를 낳을 수도 있다.

• **삼단봉**: 운동이나 싸움에 자신이 있다면 사용할 수 있는 용품이다. 그러나 삼단봉으로 큰 상해를 입힌 경우 정당방위로 인정받지 못할 수 있으므로 주의가 필요하다.

• **호신 어플**: 호신용품을 집에 두고 왔는데 밤늦게 귀가할 일이 생겼다면? 위급 시 버튼을 누르면 경보음이 울리는 호신 어플을 사용할 수 있다.

*주의: 커터칼이나 과도 등 칼은 흉기로 간주하여 오히려 과잉방어로 불리해질 수 있으므로 호신용품으로는 적합하지 않다.

# 3

## 몸 건강 챙기기

　사실 독립하기 전까지만 해도 특별히 건강을 챙겨야 할 필요성을 느끼지 못했다. 꼬박꼬박 집밥을 먹고, 아늑한 곳에서 자고, 부모님의 보살핌 아래에서 무럭무럭 자랐다. 처음엔 배만 채우면 괜찮은 식사라고 생각했고, 그렇기에 라면도 치킨도 훌륭한 한 끼 식사로 생각했으며, 삼각김밥도 밥이라고 생각했다. 하지만 자취생활이 일 년 이상 지속되면서, 조금씩 건강이 나빠지는 것이 느껴졌다. 가장 먼저 살이 찌기 시작하고, 피부 트러블이 심해졌고, 소화불량, 변비, 만성피곤, 우울, 손톱 깨짐 등 일일이 나열하기도 어려운 증상들이 생겨났다. 지금은 아직 어린 나이이기에 그럭저럭 살 만하지만, 이렇게 몇 년만 더 살아도 몸이 껍데기만 남을 것 같은 기분이 든다. 지금 너무 건강하고 멀쩡한데? 싶다가도, 막상 일주일만 열심히 과일 채소를 챙겨 먹어도 피부 광이 달라지는 걸 보며 새삼 식습관을 반성

하곤 한다.

배가 부르면 '잘 먹었다'고 말하지만, 사실 영양소 없이 칼로리만 높은 식사를 했을 확률이 높다. 어릴 적 가정시간에 배운 식품구성탑을 잠깐 떠올려 보자.

구성탑을 보며 당장 어제 먹은 음식만 차근차근 떠올려 봐도 5층을 골고루 채울 만큼 먹지 않았다는 사실을 깨달을 수 있다. 5층 탑에서도 싱글족들이 가장 챙겨 먹기 힘든 부분은 아마 과일과 채소일 것이다.

과일, 채소는 빨리 상하고 보관이 어려워서 장을 보러 가도 잘 손이 가지 않는다. 과일을 잘 보관할 자신이 없다면 냉동 과일을 먹는 것도 괜찮은 대안이다. 나는 항상 냉동 블루베리를 갖춰 놓고 있는데, 얼린 블루베리는 그냥 먹어도 샤베트같은 식감이 아주 좋다. 딸기나 바나나도 얼려 두었다가 믹서로 갈아 스무디를 만들어 먹을 수 있다.

구성탑 꼭대기에 위치한 견과류는 해로운 중성지방과 콜레스테롤 수치를 낮춰주고, 뇌 건강, 탈모예방, 피부미용 등에도 효과가 있다. 요즘은 소포장으로도 잘 나와서 챙겨 먹기도 비교적 쉽다. 다만 과다섭취는 비만의 지름길이라고 하니 적정량만 섭취하도록 주의하자. 골프공 크기 정도가 적정량이다.

여의치 않을 경우 영양제라도 잘 챙겨 먹어야 한다. 나는 종합비타민, 유산균, 프로폴리스 등을 먹고 있다. 다만 비타민의 경우 결핍증도 있지만 과잉증도 있으니, 무조건 비타민을 많이 먹는다고 좋은 것도 아니다. 특히 지용성 비타민인 A, D, E, K는 과잉 섭취하면 체내에 쌓이기 때문에 과잉증이 쉽게 나타난다. 이와 반대로 수용성 비타민인 비타민 B, C는 몸 밖으로 배출되기 때문에 과잉증이 드문 편이다.

한국인에게 가장 부족한 영양소는 칼슘과 비타민D라고 한다. 칼슘은

## 식품구성탑

- 1F: 곡류 및 전분류
- 2F: 채소류 및 과일류
- 3F: 고기, 생선, 계란, 콩류
- 4F: 우유 및 유제품류
- 5F: 유지, 견과 및 당류

우리가 익히 알고 있듯, 멸치나 우유 등으로 섭취할 수 있다. 비타민 D는 음식으로도 섭취되고 자외선으로 합성되기도 한다. 그렇기에 치즈, 달걀, 연어 등을 통해 섭취하는 방법도 있지만, 낮에 15분 정도만 햇빛을 쐬어 주어도 충분히 합성된다. 특히 야외활동이 적은 겨울이 되면 비타민 D가 부족해지기 쉽다고 하니, 겨울이라고 집 안에만 꽁꽁 있지 말고 한 번씩 햇빛도 쐬어 주는 것이 필요하다. 참고로 선크림을 바르면 소용이 없으니, 선크림을 항상 챙겨 바른다면 비타민 D를 따로 챙겨 먹는 것이 좋다.

그렇다면 한국인이 가장 과다 섭취하는 영양소는 뭘까? 바로 나트륨이

식품구성자전거

- 곡류: 매일 2~4회 정도 • 고기, 생선, 달걀, 콩류: 매일 3~4회 정도
- 우유 유제품류: 매일 1~2잔 • 과일류: 매일 1~2개
- 채소류: 매 끼니 2가지 이상(나물, 생채, 쌈등)

다. 나트륨은 짠 음식에만 있다고 생각하는 게 보통이지만 사실 싱거운 음식에도 과다하게 들어있을 수 있다. 예를 들면 빵에도 많이 들어있다. 특히 바깥 음식들은 저장성을 높이고 소비자의 입맛을 사로잡기 위해 소금이나 화학조미료를 과다하게 사용하는 경향이 있으니, 조금이라도 건강에 좋은 집밥 요리를 하는 습관이 중요하다.

사실 학창시절 가정 시간에 봤던 식품구성탑은 이제 식품구성자전거로 바뀌었다고 한다.

차이점을 찾아보자. 바로 앞바퀴에 추가된 물, 그리고 자전거의 형태가 의미하는 운동이다. 영양가 있는 식단도 중요하지만, 수분 섭취와 운동, 환경도 아주 중요하다.

대학생의 경우, 학교 프로그램을 이용하거나 학생 할인을 해 주는 대학가 근처 스포츠센터들을 이용하면 좋다. 한겨울이 아닐 때는 동네 산책을 하거나 학교 운동장을 돌아도 좋고, 동영상을 보며 15분 스트레칭만 해도 훨씬 더 소화가 잘되는 기분이 든다.

건강을 위해서는 건강한 환경을 조성하는 것도 중요하다. 꾸준한 환기를 통해 신선한 공기를 유입하는 것도, 적절한 채광도 중요하고, 곰팡이가 없는 환경을 만드는 것 역시 중요하다. 곰팡이는 기관지 질환, 비염, 아토피등 피부 트러블의 주범이다. 특히 겨울에 곰팡이가 있는 상태로 보일러를 가동하게 되면, 그 균이 방안 전체로 퍼진다. 설거지도 쌓아놓고 너무 미뤄놓을 경우, 싱크대나 그릇에 곰팡이가 필 수 있다. 꼭꼭 제때 청소와 설거지를 해서 곰팡이를 예방하자.

잘못 산 매트리스나 의자는 척추건강을 해치는 주범이 된다. 책상과 의자의 높낮이가 맞지 않을 경우에도 나쁜 자세로 앉게 되는데, 앉았을 때 명치와 배꼽 사이에 책상 면이 위치하는 것이 이상적이다.

혼자 살면 아프면 챙겨줄 사람도 없어서 더 슬프고 아프다. 혼자서도 잘 먹고, 잘 움직이자.

*4*

혼
자
사
는
삶
의
행
복

    가장 소중한 것들은 모두 값을 지불하지 않는 것들이라고 한다. 바람, 여유, 좋은 생각 같은 것. 곰곰 생각해 보면, 일상의 행복도 모두 공짜라는 사실을 어렵지 않게 알 수 있다. 외로움의 뒷면 같은 자유와 여유, 혼자 있는 시간의 즐거움 같은 것이 그렇다. 혼자서 잘 살 수 있는 마지막 방법은 바로 삶의 순간순간에 스며든 행복을 발굴해 내는 일이다.

    싱글족의 최대 행복은 무엇보다도 혼자 있는 자유에서 온다. 내가 무슨 짓을 해도, 집에서 아크로바틱을 해도 콘서트를 해도 아무도 안 말린다. 혼자 맞이하는 여유로운 주말 아침은 얼마나 아늑한가. 아무런 방해도 받지 않고 속 편하게 늦잠자다가 부스스 깨서 핸드폰으로 이미 오후가 된 시간을 보면서 '오늘도 참 잘 잤어'라고 스스로 뿌듯해하기도 하고, 그 후에도 한참이나 침대에서 뒹굴거리고, 문득 오후 햇살이 작은 방 안에 사르르 퍼

져서 꽉 찰 때의 따뜻한 기분도 참 좋다.

싱글족에게 자유가 있다지만, 자유가 있다는 게 꼭 '내 맘대로 아무렇게나 산다'를 의미하지는 않는다. 아무리 더러워 보이는 자취방도 그 나름의 혼돈 속의 질서가 있다. 이곳은 온전히 나만의 공간이기에, 내 삶의 질서를 만들 수 있다. 이게 무슨 말인가 하면, 드라이기는 이 자리에, 수건은 이런 방향으로, 욕실 사용한 후에는 이렇게, 외출할 때는 이렇게, 이런 소소한 나름의 질서 속에서 생활할 수 있다는 것이다. 일단 내가 정리해 놓은 물건에는 내가 아니면 아무도 손을 안 대기 때문이다. 특별히 규칙을 의도해서 만들지 않아도, 살다 보면 자연스럽게 습관 같은 질서가 생기게 마련이다. 내 몸에 꼭 맞는 나만의 공간이 있다는 점이 내게 심신안정을 가져다준다.

늦은 밤, 혼자 잠에 들려고 누워있으면 어딘가 허전한 느낌 때문에 괜히 잠을 쫓고 버티게 된다. 시계가 두세 시를 넘어서고야 잠에 들기 다반사다. 어떤 이유이든 간에 혼자 맞이하는 새벽은 나쁘지 않은 감성을 불러일으킨다. 다들 잠에 든 조용한 시간에 나 홀로 깨어있는 기분도, 답답한 방 안으로 불어오는 상쾌한 밤공기도 참 좋다. '새벽 감성'을 발휘해 독서와 사색을 하기에도 제격인 시간이다. 혼자 있으니 감성에 더 쉽게, 깊게 젖는다. 조용한 노래 한 곡 틀어놓고 있으면 책장이 술술 넘어가는 순간이다. 이런 시간이 좋은 또 다른 이유는 뭐니 뭐니 해도 알코올일 것이다. 스탠드하나 켜두고 맥주를 마시면서, 재밌는 예능이나 영화 한 편 보고 있으면 내일이 안 왔으면 좋을 만큼 행복하다. 나는 원래부터 술을 좋아하긴 했지만, 혼자 살게 되고 나서는 하루하루 전보다 나은 애주가가 되고 있다.

대부분의 싱글족이 비 오는 날을 싫어한다. 눅눅해서 빨래도 잘 안 마르고, 어두워서 햇볕도 잘 안 들고, 환기도 마음대로 못하고, 누수가 되기도 한다. 하지만 원룸 특유의 부실한 방음 덕택에 더 크게 들리는 빗소리는 영

• 늦은 밤, 책과 함께하면 좋은 칵테일 아이리쉬 커피: 진하게
탄 인스턴트 원두커피 2/3 컵에 위스키를 소주잔으로 반 잔
만큼 넣고, 컵의 남은 부분은 생크림으로 채워준다.


화 같은 분위기를 연출해 준다. 아침에 눈을 떴을 때, 커튼 너머로 우중충
한 하늘을 마주할 때면 이렇게 정반대로 빗속의 행복을 찾으려고 혼자 노
력해 본다.

봄, 가을의 맑은 하늘은 청소 의지를 불타오르게 한다. 바람 선선한 날
한 무더기 쌓여 있던 빨래를 돌려서 널어놓으면 향긋한 냄새가 사르르 난
다. 그 빨래들은 곧 바삭바삭하게 잘 말라서 만지면 기분이 상쾌해지고, 예
쁘게 개어 쌓아놓으면 보기만 해도 좋다. 설거지를 해 놓았을 때도, 쌓인
쓰레기를 분리수거 하고 왔을 때도 개운한 기분이다. 또 깨끗하게 닦아 놓

은 거울을 보고 있노라면 마음까지 맑아지는 기분이다.

다른 행복은 본가에서 엇비슷하게라도 누릴 수 있지만, 오직 혼자 살 때만 누릴 수 있는 행복도 있다. 바로 실내복의 자유다. 뭘 입고 돌아다녀도, 아니 안 입고 돌아다녀도 아무도 신경 쓸 사람이 없다. 이런 자유는 특히 무더운 여름에 빛을 발한다. 샤워를 마친 더운 여름날, 얇은 슬립 하나만 걸치고 선풍기 앞에 앉아 있으면 그곳이 바로 천국이 된다. 가족들이 있는 본가에서는 누리기 힘든 행복이다.

장을 볼 때도 행복하다. 장바구니에 온통 내가 좋아하는 것들만 담는다. 늦은 저녁 산책 겸 장을 보러 갔다가, 내가 좋아하는 먹을 것 잔뜩 사서 돌아오는 기분이란. 얼른 집에 와서 장 본 음식을 차곡차곡 냉장고에 넣고, 가득 찬 냉장고를 보며 흐뭇해할 때는 세상을 다 가진 기분이 따로 없다.

행복은 우리 삶의 결 곳곳에 녹아 있다. 오늘 밤, 잠들기 전에 자취생활의 행복한 점들을 하나씩 떠올려 보자. 마음도 말랑말랑해지고, 의욕도 샘솟는 것을 느낄 수 있을 것이다. 행복 찾기는 이렇게 가까이에 있다. 외로웠던 작은 방도, 금세 즐거운 나의 집이 될 것이다.

# 자기만의 방

1은 홀수다. 외롭다. 밤새 읽히지 않은 메신저의 숫자나 어젯밤 뉴스에 나온 고독하고 안타까운 사연이 떠오르기도 한다. 그러나 동시에 유일한 것을 가리킨다. 가장 뛰어난 것에도 우리는 '1'이라고 이름 붙인다. 어쩌면 1은 외롭고 가슴 아픈 숫자가 아니라 스스로의 삶을 일순위에 두는 숫자인지도 모른다. 혼자 사는 삶을 통해 조금씩 더 자신에게 관심을 갖게 된다.

나는 원래 외로움을 많이 타는 성격이었다. 연애를 해도 매일 술을 마셔도 친구를 만나도 그건 나아지지 않았다. 마음은 내내 울렁거렸다. 6년 전, 이제 막 상경했던 어린 나는 현관문 너머에 있을 고요한 어둠이 싫어서 밤거리를 공연히 서성거리기도 했다. 집에 들어가기 싫으니 하늘이 무너질 정도로 눈이 내렸으면 하고 바라기도 했다.

여전히 나는 혼자 살고 있지만, 그래도 언젠가부터는 예전처럼 외로워서 괴로워하진 않게 되었다. 연애도 안 하고 친구는 오히려 덜 만나는데 왜일까 곰곰 생각해보면 역시, 내 집을 사랑하는 법도 내 외로움을 달래는 법도 알았기 때문인 것 같다. 마음이 힘들 때는 얼른 집에 가고 싶어진다. 그곳이 가장 아늑하고 편안하다. 매일 새로운 나의 면면을 발견하며 놀라기도 하고, 새로운 집안일의 장벽에 부딪히기도 하고, 익숙한 편안함에 행복해하기도 한다. 수많은 사건과 감정이 틈틈이 쌓여서, 첫 만남엔 손바닥만큼 작았던 이 집이 어느새 우주만큼 커진다.

1인 가구의 비율이 27%를 넘어섰다고 한다. 어느덧 한국에서 가장 비중이 큰 가구가 되었다. 그러니 570만 명의 얼굴과 570만 개의 사정, 570만 개의 세계가 있는 셈이다. 비록 노력해서 모두가 집을 살 순 없지만, 대신 누구든 행복하게 살 수는 있다. 생활을 가꾸는 크고 작은 노력을 통해 모든 이들의 방 한 칸 한 칸이 달콤한 집이 되기를 바라본다. 때때로 힘든 날들도 있겠지만, 우리는 계속 우리 자신을 위한 작은 방을 무한히 넓혀 나갈 것이다. 혼자라서 더 행복하게, 잘 먹고 잘 살면서.

# 빼어난 혼삶
## __혼자살기를 위한 구체적 도움의 모든 것

**초판 1쇄 펴낸 날** ㅣ 2017년 4월 7일

**지은이** ㅣ 정채림
**펴낸이** ㅣ 홍정우
**펴낸곳** ㅣ 브레인스토어

**책임편집** ㅣ 이상은
**편집진행** ㅣ 남슬기
**디자인** ㅣ 김한기
**마케팅** ㅣ 한대혁, 정다운

**주소** ㅣ (121-894) 서울특별시 마포구 양화로7안길 31(서교동, 1층)
**전화** ㅣ (02)3275-2915~7
**팩스** ㅣ (02)3275-2918
**이메일** ㅣ brainstore@chol.com
**페이스북** ㅣ http://www.facebook.com/brainstorebooks

**등록** ㅣ 2007년 11월 30일(제313-2007-000238호)

© 정채림, 2017
ISBN 979-11-88073-01-6 (03590)

이 도서의 국립중앙도서관 출판예정도서목록(CIP)은 서지정보유통지원시스템 홈페이지
(http://seoji.nl.go.kr)와 국가자료공동목록시스템(http://www.nl.go.kr/kolisnet)에서 이용
하실 수 있습니다.(CIP제어번호: CIP2017006600)